JN193259

葉を見て枝を見て

枝葉末節の生態学

菊沢喜八郎 [著]

コーディネーター　巌佐　庸

KYORITSU
Smart
Selection

共立スマートセレクション

28

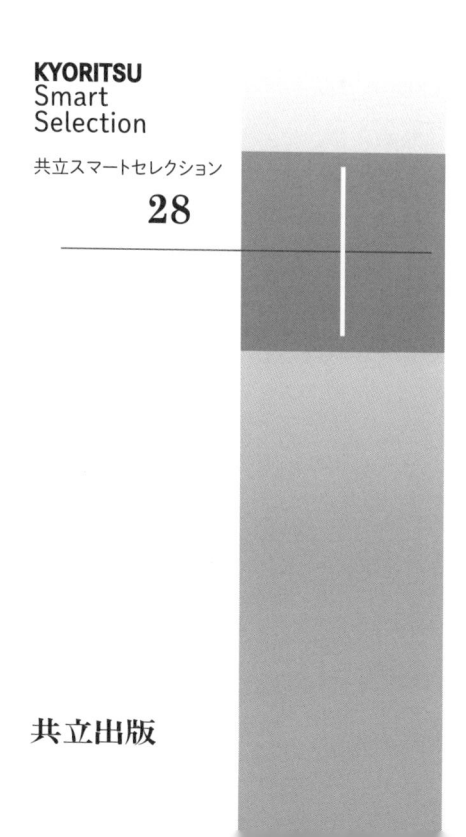

共立出版

まえがき

「本を書きませんか」．学会会場で巌佐庸さんに呼びとめられた．

巌佐さんに何かを頼まれて断った覚えがない．日本生態学会の会長をなさっていたときには，臨時の委員会の委員長を何個も頼まれて引き受けた．今度の企画は巌佐さんがコーディネーターで，私が著者である．「何だか面白そうな企画だ」と思ったとたんに引き受けていた．共立出版のスマートセレクションというシリーズの1冊であり，キーワードは「面白い」「役立つ」「重要」「知識が深まる」「最先端」であるという．

私が書こうとしていたのは，1986年に出版した『北の国の雑木林―ツリー・ウォッチング入門―』（蒼樹書房）の続きのようなものであるが，それ以来すでに30年以上が経過している．私自身が筆頭著者として書いた最近の原著論文の出版からも，4年が経過している．それ以降，私の書いた「業績」としては，本のチャプターや共著論文の後ろのほうに名前の載ったものしかない．「最先端」といえるかどうか心配である．「重要な」「役に立つ」研究であるとは，そもそもの初めから思ってもみなかった．

私は，林業試験場と名のつくところに22年間勤務した．樹木を相手にし，その材木を主に建築に用いる産業にかかわる研究所であった．しかしその対象であるところの木は，人の10倍以上も背が高く，体重に至っては1000倍以上もあろうかという巨大な生物である．また，人の100倍もの寿命をもつ長生きであり，その一生を個人が見届けることができないという長大なものである．研究者は

そのからだの一部を撫でさすり，この巨大生物の全容を推測する．それはあたかも何人もの目の不自由な人たちが，ゾウの体を撫でさすっているようなものであったろうか．とりわけ，森林の生産量調査は幹の太さに依存する．幹の太さを測ることによって樹木の現存量を推定し，繰り返し測定することで成長量を知る．これは木材を利用することから必然のことであった．しかし，幹の直径を測定しているだけでは私には飽き足りない思いがあった．繰り返し測定してもその変化はわずかであり，生きて動いているという実感を得ることができなかったのである．

ところが幸いなことに，巨大な樹木は比較的単純な部品の積み重ねによって出来上がっているのであった．その最小単位はシュート（図）と呼ばれ，葉とそれを支える軸，そして次に軸となるべく待機している芽から成り立っているようであった．巨大な樹木は多数のシュートの積み重なったものであり，シュートの1本や2本がなくなってもびくともしない．葉や枝はまさに「枝葉末節」である．しかしこの枝葉は巨大樹木のミニチュアでもあり，この部分に着目すれば，巨大な樹木の全容をある程度推測できるわけである．とりわけ葉は，光合成を担う重要な器官であり，ここに注目すれば，森林の幹生産にもつながる重要な情報が得られるに違いない．というふうな殊勝なことを当初から考えていたかどうか．今となっては茫漠としているが，実験林にリタートラップを設置し，落葉量の測定を始めていたから，一定の土地面積の森林がどの程度の有機物を生産し，それが幹や葉にどのように配分されているかという問題に関連付けよう，という目論見をもっていたことは否定できない（菊沢，1986）．

というわけでシュートの観察を始めた．フィールドはごく近くであったので，毎朝散歩をかねて歩き回った．ケヤマハンノキの葉が

図　ウリカエデのシュート
丸囲みしたシュートが枝を構成している.

夏に落ちることの発見に始まり，ハンノキ属の他種，カバノキ科の他属の種の比較などに広がって，葉を開き，落とすのは樹木の適応戦略であるとの結論に達した．これらのことは前著に紹介した（菊沢，1986）．たまたま前著に目をとめていただいた一人に巌佐さんがあり，懇切な紹介文を書いていただいた．

　その後，私は葉の寿命の問題に取り組み，自分なりの解答（仮説）を見出した（Kikuzawa, 1991）．またそれを，常緑性・落葉性など様々な応用問題に適用した（Kikuzawa & Lechowicz, 2006; Kikuzawa *et al*., 2013a）．この本は，それらのことをノンフィクション風に書いてみたものである．思えば，仮説の提唱から四半世紀以上が経過しているが，今なお命脈を保っているようなのだ．その証拠に，今でも年に何回かは論文が引用される．それは，葉の寿命と常緑性・落葉性というごく身近に見られる普遍的な現象を扱って

いるからであると考えている.

　しかし近年のこの分野の進歩に大きく貢献しているのは，私のほら話（仮説）などよりも世界中のデータを集めたデータベースの構築である（Wright *et al.*, 2004）．これにより，全球的な傾向を明らかにし，また新しい傾向が見出されている（Wright *et al.*, 2005）．たとえば，全球的に見ると，平均気温が高いほど落葉性の植物の葉寿命は長くなるが，常緑性の植物の葉寿命は短くなる，といった一見不可思議な傾向である．しかしこれは平均気温を好適期間の長さ（夏の長さ）に読みかえれば，私の四半世紀以上前の理論でごく簡単に説明がつく（Kikuzawa *et al.*, 2013a）．季節のある温帯では，平均気温と好適期間の長さはほぼパラレルに変動するから問題はない．温帯の山岳，たとえば乗鞍岳（Takahashi & Miyajima, 2008）や屋久島（Fujita *et al.*, 2012）では，標高が上がると常緑性の葉の寿命は長くなるが，落葉性の葉寿命は短くなる．これも，標高により好適期間が短くなることを考え合わせれば，好適期間の変化に対する植物の適応的応答であると解釈することができる．もちろん，平均気温の変化に対する応答であるとの解釈も捨てきれない．しかし，決定的な観察がそれより前になされていた．平均気温や標高は同じにして，好適期間（雪解けの時期で表される）の長さだけを変化させるという自然の実験系を利用した調査である（Kudo, 1992）．それによると常緑性の種の葉寿命は，好適期間が短いほど長くなるが，落葉性の種では好適期間が長いほど長くなっていたのである．これらの傾向に対しては，私の理論を当てはめて，現象の再現が可能であることが示されている（Kikuzawa & Kudo, 1995）．

　こうしてみると，新しい現象の発見，理論の提唱と幅広い検証は必要であるが，それとともに古くから知られていた現象の再評価もまた重要であるといわねばならないだろう．まさに温故知新であ

る.

　新しい問題としては，地球温暖化や生物多様性などが20世紀の終わり頃から急浮上してきた．温室効果ガスである二酸化炭素を吸収して木材を作り出すのが樹木であるから，森林科学者はこれに無関心ではいられない．葉の寿命はこれに深くかかわっているはずである．実際に計算してみると，四則演算だけでごく簡単に炭素吸収の推定式にたどり着くことができた (Kikuzawa & Lechowicz, 2006; Kikuzawa *et al.*, 2013a,b). しかもその推定式の中では，「枝葉末節」であった葉の寿命が重要な役割を果たしているのだ．私の趣味のようであったこの研究も「役に立つ」「重要な」ものであるかもしれない．現象そのものが面白いのだから，この本も面白く読んでもらえると期待しているが，著者の腕にもよることなのでそれは期待にとどまる．知識が広くなるのは，どんな本であっても読めばそれだけ広くはなりそうであるが，深くなるかどうか．広いと深いはどう違うのかあらためて考えると難しいが，ありふれた現象に対して新しいものの見方をすることといえるだろうか．請け負えないけれど，そうなる可能性はある．最初は少し謙遜して見せたけれども，この本は冒頭のキーワードの要件を満たしていると思えてきた.

2018年8月　　　　　　　　　　　　　　　　　　　菊沢喜八郎

ドングリを運ぶ
アカネズミ

目　次

Box

① 広葉樹二次林

　「菊沢さんは北海道立林業試験場に勤務されていた頃は，本業は勤務時間内に行い，葉のフェノロジー[1]観察などの仕事は，朝早く，勤務時間外にしておられたということですが，本当ですか」と聞かれることがある．まあそれは半分本当といえるけれども正確ではない．研究の仕事は，そんなにはっきりと分けられないからである．

　私の本務の主題は，北海道における広葉樹二次林の保育方法の研究ということだった．その当時から北海道には，明治末期に開拓のために焼き払われた森林の火が燃え広がって大規模の山火事となり，その後に再生した広葉樹二次林が広がっていた．また，第二次世界大戦後に多く植えられたトドマツやカラマツの造林地がうまく成林せず，そこに進入してきた広葉樹の森林になっているところも

---

[1] フェノロジー（phenology）　生物の時間軸に沿ったふるまいに関する研究分野．サクラの開花の年変化に関する研究などが有名．

図1.1 北海道の広葉樹二次林

ミズナラ，シナノキ，ホオノキ，シラカンバ，ケヤマハンノキ，イタヤカエデ，アズキナシなど多くの広葉樹種が混交し，林床にはササが密生している．

あった（図1.1）．このような林は，人が植えたわけではないので，人工林ではない．天然林の1種だが，まったく人手とは無関係に成立したものでもない．したがってこういう林を，原生林（primary forest）に対して二次林（secondary forest）とか天然生林などと呼ぶわけである．その当時までの造林の概念は（今でもそんなに変わらないが），本州ではスギ，ヒノキなどを中心として針葉樹の苗を植え付けることであった．北海道でもそれを真似て，トドマツやカラマツなどやはり針葉樹を植え付けるのがふつうであった．広葉樹二次林を構成する木はせいぜいパルプ程度にしかならないために，切り倒されて，生産性の高い針葉樹に植えかえられた．これがその当時行われてきた拡大造林の実態であった．

　ところで，広葉樹二次林を切り払って，針葉樹の人工林を造成しようとしても，必ずしも成功するとは限らなかった．とくに，北海道では気温が本州より低く，冬期には寒さと乾燥の害などで植えた苗が枯れたり，生育期に病気や虫などにやられたり，幹をネズミに

かじられたりなどの被害が頻繁に生じていた．またそのような被害を免れたとしても，人工林が成林し，材木を搬出できるようになるまでには数十年の年月が必要とされていた．それならばむしろ，今ある二次林を数十年間育てれば立派な広葉樹林を作り上げることができるのではないか．もしそういうことが可能であれば，身近な雑木林を切り払ってしまうのではなく，雑木林として活用しながら，木材生産にも利用できるのではないだろうか．

　実は，広葉樹材も太くなると，立派な木，すなわち銘木として高い値段がつくことが知られていた．それは主に家具材として使われてきた．木をそのまま使うのではなく，薄く剝いた板を貼り合わせ，机や洋服ダンスなどにするのである．突き板と呼ばれるそのような材木生産には，太い木が必要であった．

　では，どれくらいの太さの木を生産するのにどれくらいの年数があればよいのか．それをある一つの森林からどれだけ生産できる可能性があるのか．ふつう，混み合った森林では木が太くなれないから本数を調節しなければならないが，どの程度の本数にする必要があるのか．すべてわかっていないことであり，新しく技術開発する必要があった．これらが私に与えられた課題であり，やりがいのある仕事であるように思われた．どの程度の本数があればどの程度の太さの木を生産できるのかを知るには，本数，太さ，木の年齢のあいだにある定量的関係を把握しなければならない．そのためには，試験地を作って，試験地の中にある木の本数と太さを調査しなければならない．木の太さは，胸のあたりの高さの木の直径で代表されるため胸高直径といっていた．

　幹の直径測定は重要な仕事とはいえ，これだけでは本当に樹木のことがわかったことにならないのではないかというのがその当時の私の懸念であった．木が太ったかどうかは何年かの間をおいて再測

定しなければわからない．胸高直径の測定は高さ 20 m を超えるような大きな生き物の，脚のあたりを撫でさすっているにすぎないのではないか．「群盲象を撫でる」ような不全感があった．私は，もっと動きのある生き生きとした樹木を見てみたいと思っていた．

1.1 ケヤマハンノキ

そのようなわけで，私は樹木の枝先の葉のついている部分の観察を始めた．このような観察が何本もの論文を生み出してくれるとは，当時は思ってもいなかった．幸い，遠くに出かける必要はない．付近の広葉樹林に自生するケヤマハンノキ，ミズナラ，シラカンバ，イタヤカエデなどが対象であった．始めて 2 年目くらいから，様子がわかってきた．冬のあいだは芽を包んでいた芽鱗が，春になると外れて芽が伸び出すこと．芽は伸び出して葉を開くことなどがわかってきた（図 1.2，図 1.3，図 1.4）．葉とそれを支えている軸はシュートと呼ばれるようであった．森林の調査は胸高直径を測

図 1.2　ケヤマハンノキの開葉
5 月上旬，芽が開いたところ．この後順々に葉が開いてゆく．

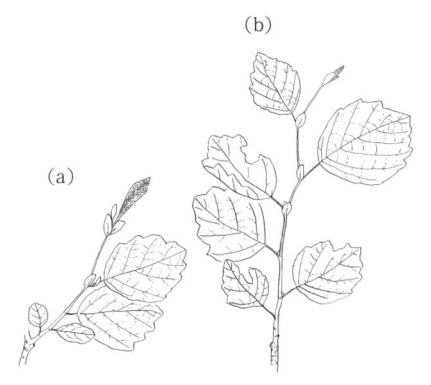

図1.3　ケヤマハンノキのシュート

(a)6月上旬　基部の葉は小さい．(b)7月中旬　基部の葉はすでに脱落している．

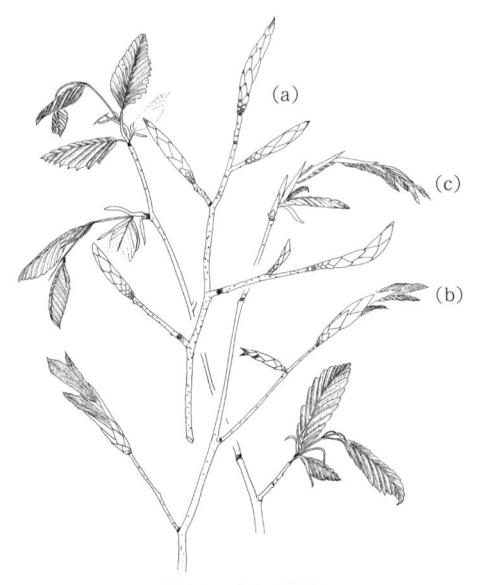

図1.4　ブナの開葉

短い時間のあいだに一斉開葉する．1週間程度のあいだに(a)芽が膨らみ，(b)葉が顔をのぞかせ，(c)開葉する．

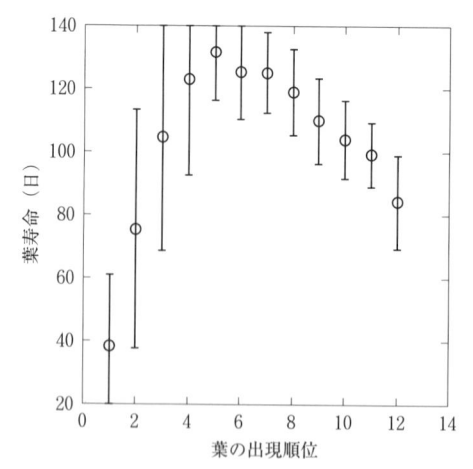

図1.5　ケヤマハンノキの各葉位（葉の出現した順番）ごとの葉寿命
白丸：平均値，縦線：標準偏差.

定するのが主であって，森林の動きが見えるまでには数年，あるいは数十年の年月を必要とする．それに対して，葉の調査は毎回新しい発見があり，木々が動いているのが実感された．

　中でもケヤマハンノキでは，最初に開いた3枚程度の葉が夏には落ちてしまう様子が観察された．1枚ずつの葉について，前回は見られなかったのに今回新たに存在が確認された日，つまり出現が確認された日と，前回はたしかにあったのに今回は見られなくなってしまった日，つまり落葉が確認された日とが記録されているから，このあいだの日数はその葉の寿命（longevity）を表すことになる．このように表してみると，シュート基部の3枚くらいの葉の寿命がずいぶん短いのである（図1.5）．

　基部第1葉の葉寿命はとくに短く40日程度，第2葉で50〜70日，第3葉で90〜100日である．ほかの葉の寿命は100〜120日程度，遅くに出てくる第10葉あたりになるとまた短くなって，100日以下に

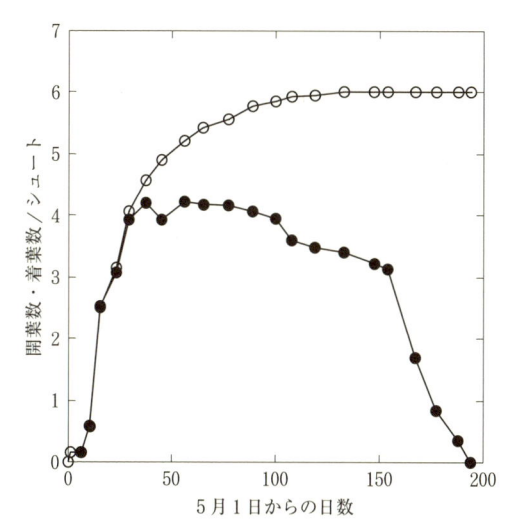

図 1.6　ケヤマハンノキ葉のシュート当たり数の時間的変化
白丸：積算開葉数，黒丸：現存葉数.

図 1.7　シュート当たり 3 枚の葉が開いたケヤマハンノキ

　なってしまう．全体の平均寿命も 90 日程度である．これは 5 月に開葉し 10〜11 月にかけて落葉するミズナラなどの樹木の葉寿命が 150〜160 日あるのに比べると，明らかに短いのであった．

　また，葉が順々に出現してくる様子にも樹種によって特徴があるようであった（図 1.6）．ケヤマハンノキでは最初の 3 枚の葉が開きだしてから（図 1.7），1 週間程度の間隔を置いて 1 枚また 1 枚と

8

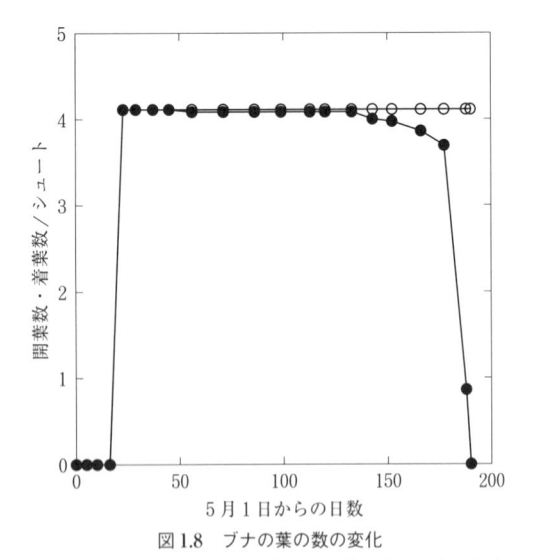

図1.8　ブナの葉の数の変化

白丸：積算開葉数，黒丸：現存葉数．1980年北海道美唄市．ほとんどすべての葉が一斉に開くために，葉数は春の短時間に増え，秋には減る．夏のあいだ減ることはほとんどない．

葉が開いてくる．これに対してミズナラやブナ（図1.4）などでは，ほとんどの葉が芽が開くとともに一斉に出現してくるようであった（図1.8）．したがって，どの葉でも葉寿命はほとんど等しい（図1.9）．私は葉の開き方の特性に対して，順々に開くものに対しては順次開葉，一斉に開くものについては一斉開葉と名づけることにした．最初に何枚かの葉を一斉に開き，その後しばらく順次に開いていくものもあった．中間的なタイプ，中間型である．1本のシュート当たりの葉の数は，平均するとどの樹種でもそれほど変わらず，平均4，5枚といったところである．しかも葉の数は，5月下旬から9月上旬までそれほど変化せずに安定した数を保っている．これは葉が落ちないのではなくて，落ちた数だけ，新しい葉が出現し，

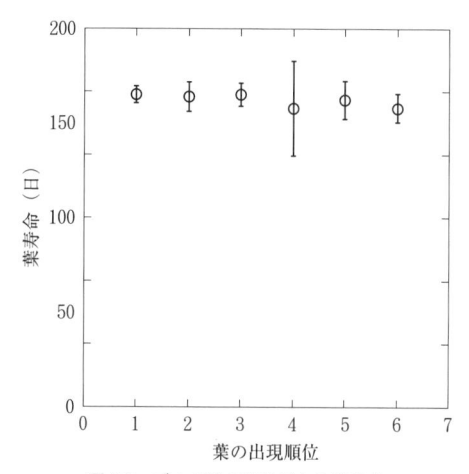

図 1.9　ブナの葉の葉位ごとの葉寿命

白丸：平均値，縦線：標準偏差．1980 年北海道美唄市．開いた順番にかかわらず，どの葉でも葉寿命はほぼ等しい．

動的平衡を保っているのである．さすがに 9 月ともなると新しい葉は出現しなくなり，シュート当たりの葉の数は減り始め，10〜11 月になると 0 になってしまう．

　その頃私が拠り所としていたのは，コツロブスキーさんの『樹木の生長と発達 (*Growth and Development of Trees*)』という，比較的新しく出版された本であった (Kozlowski, 1971)．2 巻におよぶ立派な教科書で，とくに第 1 巻はシュートの発達について数章を使って記述したものであり，この部分は私には役に立った．全体を通読したのち，第 1 巻を一語一語確かめ新しくノートを作りながら，読み直しているところであった．新しく出てきた単語，とりわけ専門用語や植物の学名，一般名などは，ノートの左ページに書き出していった．対応する日本語名は英和辞典や生物学辞典を調べた．しかしこれらに出ているものはわずかである．残りは図書館で

調べた．幸い北海道立林業試験場の図書館は，地方の試験場としては学術雑誌や図書類がよく揃っていた．それでもわからないものは頭の隅に溜めておいて，学会などでお会いする専門が近いと思われる人たちに尋ねた．

1.2　春葉と夏葉

コツロブスキーさんはクラウゼンさんと共著で，アメリカのシラカンバについて最初に開く2枚の葉は，その後から開いてくる葉とは形も役割も異なることを記述し，それを巧みな実験で証明していた．最初に開く葉は春葉 (early leaves) といい，その後に開く夏葉 (late leaves) の展開やシュートの伸長のためにいち早く開いて光合成を行う．光合成によって作られた糖を用いてシュートが伸長し，夏葉が展開するのである (Kozlowski & Clausen, 1966).

私の最初の論文は，ケヤマハンノキにコツロブスキーさんたちの考えを援用したものであった．シュート基部の最初の3枚は春葉ではないか．ほかの葉とは異なるようだ．面積が小さいし，葉腋に腋芽[2]をもっていない．そして早く開き，早く落ちてしまう．私の見つけたささやかな事実を大家の説によりかかって説明する，初心者らしいスタイルであった．論文は和英の混交した雑誌，日本生態学会誌に英語論文として投稿した (Kikuzawa, 1978).　日本生態学会が英文誌 *Ecological Research* を出版し始めるのはまだ先のことである．当時私たちの視野はきわめて狭く，大学や研究所の研究

---

[2]　シュート軸と葉柄基部との間を葉腋といい，葉腋にある芽を腋芽という．腋芽は葉柄基部と托葉に包まれている場合がある．

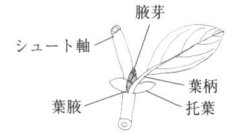

図　葉腋と腋芽

報告，所属する学会の機関誌に投稿するのがふつうで，海外の雑誌は読んで勉強するものであっても，そこへ投稿するということは考えたこともなかった．英文をうまくは書けなかったが，書くことは苦でなかった．私がそれなりに「新しい！」と思えることを見つけるのはもう少し後のことである．芽鱗の数と伸び方などが関連しそうだということについては別の本（菊沢, 1986）で紹介したのでここでは述べない．実は，葉の寿命が短いということだって十分に「新しい」ことであったのだが，当時の私にはそれを新しいことだと気付く鼻も，新しいと言い切る実力にも欠けていた．春葉と夏葉という考え方を，シラカンバ属と同じカバノキ科であるハンノキ属のケヤマハンノキにも援用したわけである．当時は，野外で光合成を手軽に測定することはできなかったから，葉の数のダイナミクスや形からの類推で，そういった結論に到達したのであった．

　私の論文が掲載されてから数年後に，シャボット氏とヒックス氏共著の「葉の寿命の生態学（The ecology of leaf life spans）」という総説（レビュー）が『生態学と系統学の年報（*Annual Review of Ecology and Systematics*）』という年に1回発刊される総説を集めた本に出た．

ザクロ

葉の寿命

2.1 葉の寿命は何によって決まるのか

　シャボット氏とヒックス氏の共著論文（Chabot & Hicks, 1982）のメッセージは，葉は光合成によって炭素を獲得する器官なのであるから，葉の寿命は炭素獲得を最大にするように自然淘汰によって決められているに違いない，というものであった．それではなぜ，植物の種によって葉の寿命は大きく異なるのか．私の調べた例でも，ケヤマハンノキでは 40〜60 日のものがあるが，ミズナラやサワシバでは 150 日以上になる．エゾユズリハ（図 2.1）やツルシキミなどの常緑木本では，1000 日あるいはそれ以上に達するものもある．それは植物によって環境が異なり，炭素獲得の方法が異なるからである．

　林床の暗い環境に棲んでいる植物は，高い光合成速度はもっていないだろう．仮に高い能力をもっていても，それを発揮する機会，つまり光が十分に当たることが少ないからである．葉の作られたコ

図2.1　エゾユズリハ
雄花の横に新しい葉が開き出している.

ストを低い能力で払い戻すには, 葉を長持ちさせる以外にほかの方策はない. 光の乏しい環境だけでなく, 水, 栄養塩などが乏しい環境でも同じようなことがいえる. 山地の尾根筋のような水が乏しい環境では, やはり葉の寿命が長くなる. 葉を長持ちさせるためには, 虫に食われにくくするとか, 菌に侵されにくくするとかの防御が必要となる. また雨に打たれたり, 風に吹かれたりしても長持ちするようでなければならない. 植物個体にとっては, 長持ちさせるにはそれなりの投資が必要というわけだった. 長持ちさせるために投資をすれば, 光合成を高めるための投資はおろそかになる. 生物の世界ではあれもこれも, というわけにはいかない. オールマイティというのはいないのだ. あれかこれか, なのである. これを, トレードオフと呼んでいる. もとは経済学の用語であった. 逆に, 葉を長持ちさせるために投資すると, 葉の単位重量当たりの瞬間光合成速度は小さくなってしまうのだ.

　このように葉への投下コストと葉による稼ぎを, 経済学の言葉で葉の炭素エコノミーとして記述すること, そしてそれを決定しているのが自然淘汰の働きであることが著者らの主要な主張であった. 葉の寿命が長い常緑性の葉, たとえばツバキやアオキは葉表面がてかてかと光って, いかにも厚ぼったく, 長持ちしそうだ. それに対

して，落葉樹の葉，ヤマナラシやカエデの葉はいかにも薄い．コストがかかっていないという感じがする．ただし著者らのいうコストは，単位葉面積当たりのコストではなくて単位葉重量当たりのコストを意味していた．最初に読んだときは，その違いに無頓着だったが，葉が厚いのは単位面積当たりにコストがかかっていることを意味していることがわかってきた．単位重量当たりのコストがどんなものかは，後年ウィリアムズさんの論文を読んでようやく理解できた（Williams *et al.*, 1989）．これは，光合成産物であるグルコースから葉の組織を作り出すときにかかるコストを意味するようであった．そしてこれはウィリアムズさんが何種かで調べたところ，種間であまり大きな違いがなさそうであった．さらに後年，何人かの人が調べた結果でも，大きな種間差はないようであった．

2.2　シャボットとヒックスの式

葉の炭素エコノミーを包括的に考えるために，シャボット氏とヒックス氏は次のような式を提唱している．

$$G = \sum P_{fi} - \sum P_{ui} - C - W - H - S \qquad (2.1)$$

ここで G は葉の生涯の稼ぎであり，その葉の一生を通じてある葉から植物体のほうへ移送された光合成産物の量を示している．1年は光合成に好適な期間（f）と不適期間（u）とに分けられる．これは温帯でいえば夏と冬と考えたらよいだろう．好適期間中の光合成量（P_{fi}）を足し算し，不適期間中の呼吸量（P_{ui}）を引き算する．添え字 i がついているのは，日々の稼ぎであることを示しているのだろう．C は葉を作るコストである．W は風に吹かれて千切られたりした分，H は虫に食われてなくなった分．こういった量を引き算してやる．S は，作られたけれども植物本体のほうへ移送され

ず，その葉に蓄えられている分である．

　どのような環境なら，この式のどの項に影響するのだろう．それがわかれば，たとえばどのような環境なら常緑性，あるいは落葉性が適しているかといった議論ができるようになるのではないか．もしそうなら，実際の常緑性・落葉性の地理的分布と比較してみるということもできるだろう．

　ところで，実際の常緑性・落葉性の地理的分布を見てみると，熱帯から暖温帯にかけての暖かい地帯には常緑性が多く，それより涼しくなる北の地帯では落葉性が多くなる．ところが，さらに寒い地帯へと北上すると，再び常緑性が増えてくるのだ．暖かい地帯では1年中光合成ができるために常緑性が有利なのはわかる．冬があると，冬のあいだ，葉を落として次の年にまた葉をつける落葉性が有利となるだろう．しかしさらに北へいくと，なぜ再び常緑性が有利になるのだろうか？　この常緑性の二山分布は大いに人を困らせる（puzzling）問題で，葉の炭素エコノミーだけでは解決できない．たとえば常緑針葉樹は雪が積もってもその雪が自然に落ちやすいような樹形をしているとか，葉がとがっているのでお互いに陰を作るのが少ないとか，あるいは幹の通導[1]組織（仮道管）が細いから凍ったときに気泡ができにくいのだ[2]とか，別の要因を持ち出してきて説明する必要があるとシャボット氏とヒックス氏は述べていた．

2.3　見えてきた課題

　この問題を炭素エコノミーだけで解決すれば，大きな課題を解い

---

[1]　針葉樹は茎の中を通る仮道管によって，広葉樹は主に道管によって水を運んでいる．道管は太く，効率的に水を吸い上げるが水が凍結したときに水中に溶け込んでいた空気が気泡となり水柱がとぎれる．

[2]　このため凍結融解が頻繁に生じる寒冷地では広葉樹が分布できないといわれる．

たということになるだろう．目の前にチャレンジングな難問が見え
てきた[3]．

　その頃まで，私は一般的な課題を解くよりも，それぞれの種がど
のような葉の開き方をするか，いつ頃落ちるかといった個別の問題
に関心が深かったように思う．観察した種数も増えてきて，高木性
の樹種だけで50種に近くなっていた．加えて，低木樹種の調査も
始めていた．こちらは，春に葉を開き秋には落とす夏緑性の種以外
に，夏に葉を落とす冬緑性のもの，1年中葉をもっている常緑性の
ものなど多様であった．また開葉の様式も多様であり，一斉開葉と
順次開葉の中間に位置するもの，最初に数枚の葉をほぼ一斉に開い
てその後，何枚もの葉を順次に開く中間的なものなどが認められて
いた．個々の種について開葉の様式をスケッチし，葉の数の変化を
グラフに表し，大きなモノグラフにして出版したいと思っていた．
私淑していた今立源太良先生の大著，ファウナ-ヤポニカのうちの
1冊 Protura (Imadate, 1974) などの影響が大きかったのかもしれ
ない．またその頃出版された，試験場の同僚，斎藤新一郎さんの冬
芽図譜（斎藤，1978）も刺激になっていた．それで私は，1種ずつ
について記録し，出版しようと目論んだ．原稿はずいぶん分厚くな
って，ふつうのファイルには収まりきれなくなり，特製の箱を自分
で作って持ち歩いていた．箱は厚紙で作り，表面には図書館から持
ち出した製本用のクロース紙を貼り付け，背には金箔で表題を書き
いれた．

---

[3] ただし最近の相場慎一郎さんの指摘によると，落葉樹林は南半球には見られず，し
たがって二山分布も南半球には見られないので，必ずしも普遍的課題ではないとい
う（相場，2017）．同様の指摘はGillison(2018)によってもなされている．しかし
「落葉樹林」が存在しなくても「落葉樹種」は存在するので，二山分布が存在しな
いことにはならないだろう．

　しかし同時にその頃から，自分自身の観察の記録を，生態学の文脈の中で位置づけなければならないという思いももっていた．それにも様々な方の影響を受けているが，今にして思うと丸山幸平先生の論文の影響が大きかった．新潟大学におられた丸山さんは，山形県の温身平（ぬくみだいら）のブナ林でシュートの伸び方を調べられていて，それを生活史戦略という観点から理解されようとしていた．有名な r 戦略，K 戦略である．昆虫の生活史などを中心にし，産卵数を多くして数を増やす方向に自然淘汰が働いた r 淘汰と，生存率を高くする方向に淘汰の働いた K 淘汰という概念を当てはめようという研究が日本でもようやく盛んになってきていた．しかし植物に，それもシュートの伸び方にそれを当てはめようという考えは丸山さんが最初ではなかったか．丸山 (1978) では，シュートの伸び方は一斉に伸びるブナを代表とするタイプ，順々に伸びるドロノキなどのタイプ，および中間的なタイプに分けられた．そしてブナタイプは前年のうちから伸長に要する資源を準備し，春先に一斉に伸びて，自分の地歩を固める K 戦略者，ドロノキタイプを今年の稼ぎも伸長につぎ込んでどんどん伸びる r 戦略者というふうに説明されていた．

　私の「モノグラフ」を出版してやろうという出版社は現れなかった．それで私は，これを学位論文にして印刷しようと考えた．農学博士はもっていたので，理学博士の学位論文にしよう．黒岩澄雄先生，田端英雄先生に相談してみた．学位論文は論文博士として受け付けるけれども，理学博士は農学博士と違って，そんな馬鹿でかいものを要求しないという．「投稿論文の別刷りをファイルすればいいんや」ということだった．

　「馬鹿でかい」本の出版はいったん諦めて，少し読みやすい本に書き改めてみようと考えた．出版するならこの出版社からと心に

決めていたところがある．日浦勇さんの『蝶の来た道』(1978) など自然史関係の好著をたくさん出版しておられた蒼樹書房であった．400字詰め原稿用紙に手書きしていた束を蒼樹書房の仙波喜三さん宛てに送った．しばらくして仙波さんから鉛筆で懇切に直しの入った原稿が戻ってきた．これをまた清書するのは大変だなと思ってしばらく放置していたら，電話で，清書の必要はない，そのままでよければ送り返せという連絡をいただいた．結局，仙波さんに文章を大幅に直してもらったものが印刷された（菊沢，1986）．

　樹木を対象にして適応論的な議論をするような本は少なかったのだろう．珍しいせいか2，3の新聞に紹介された．先輩の只木良也さんも新聞に紹介文を書いてくださった．また巌佐庸さんも懇切な書評を雑誌に載せてくれた．朝日新聞の「今年の3冊」という欄でも紹介された．

　国際生態学会議（INTECOL）は4年に1回開催され，その年はアメリカニューヨーク州のシラキュースだという．その4年後は日本で開催される．シラキュースに行く前に，ウィスコンシン州にある林業試験場にジュッド・アイセブランドさんを訪ねた．そこでドングリを研究しているトム・クローやたまたまベルギーから来ていたラインハルト・コールマン氏などとも知り合えた．試験場ではセミナーをやらせてもらい，その頃私が興味をもっていたハンノキ属の樹木何種かを見るために，隣のミネソタ州までドライブに連れ出してもらったりもした．

　今でもそうだが，学会に参加して他人の発表を完全に理解し，それに質問したりコメントを加えたりするのは大変なことだ．まして英語のプレゼンテーションは聞き取りが難事である．そんな中で，最初から最後まで完全に理解でき，コメントもできるような発表が，ほんのわずかだがあった．それは私と興味が重なり，手法も

図 2.2　マーティン・レコビッツ（右），マーシャ・ウォーターウェイ（中央）夫妻と
　　　　著者（ずっと後年，石川県立大学にて）

議論もよく理解できるものであった．北アメリカの広葉樹，シラカ
ンバとカエデなどを比較しながら，季節的に光合成を測定している
発表であった．発表者の予想は，シラカンバのような明るいところ
に出現する植物では光合成速度が高いが，比較的早くに低くなるだ
ろう，一方カエデ（たぶんサトウカエデだったと思う．これはブナ
がいない内陸部の広葉樹林の優占種になる）のような種では，光合
成速度は低くても長持ちするだろう，というものであった．しかし
実際はそのように予想通りにはならない，という発表である．彼は
マーティン・レコビッツ（図 2.2）といった．カナダの大学の先生
だという．マーティンとの初めての出会いであった．

　測定する葉の選び方がまずいのではないか．同じ葉にマークして
繰り返して測定する必要があるだろう．会場の外で，マーティンと
そのような議論をしていると，つば広の帽子をかぶりサンダル履き
の若い男が話に加わってきた．名前は「ヒックスだよ．Chabot &
Hicks のヒックスさ」といった．

3

葉寿命のモデル

3.1 モデルを作る

あちこちの学会や研究会のシンポジウムなどに招かれる機会が少しずつ増えてきた．種生物学会は小さな学会だが活動は活発で，英文の雑誌を発行し，年に1度のシンポジウムが開かれていた．そのシンポジウムで招待講演をさせてもらうことになった．そこでは今までの研究成果，開葉様式，落葉様式，葉の寿命がどんな要因と相関があるかなどをとりまとめて話した．葉寿命を横軸に着葉日数を縦軸にとるという図を，工夫して描いた（図3.1）．着葉日数は最初の葉が開いてから最後の葉が落ちるまでの日数で，個体の樹冠がグリーンである日数を表している．一斉開葉で一斉に落葉するなら，着葉日数と葉寿命はほとんど等しくなる．これに対し，ケヤマハンノキなどでは着葉日数は葉寿命の2倍以上になる（図3.1の7）．したがってこの両者の比は，期間中の葉の回転率を表すことになる．これは原点を通り，傾きの異なるいくつかの直線で表すこと

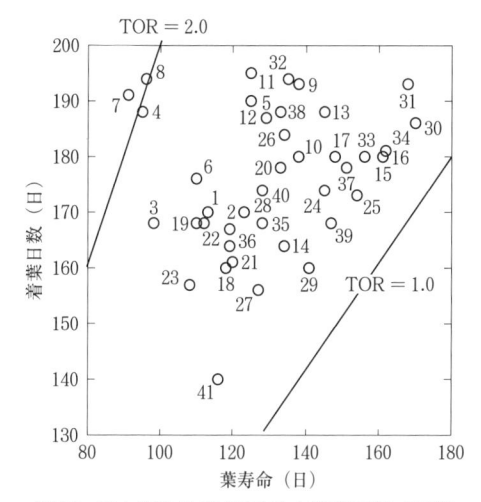

図3.1　高木樹種41種の葉寿命と着葉期間との関係

着葉期間は最初の葉が出現してから，最後の葉が脱落してしまうまでの期間．葉寿命との比（TOR）が1.0であれば，最初に一斉に出現した葉が最後に一斉に脱落することを示す．TORが2.0であれば最初に出現した葉は途中で1回そっくり入れかわることを示す．丸印につけた数字は樹種名を示す．1. ドロノキ，2. ヤマナラシ，3. エゾノバッコヤナギ，4. オノエヤナギ，5. タチヤナギ，6. オニグルミ，7. ケヤマハンノキ，8. ハンノキ，9. シラカンバ，10. ダケカンバ，11. ヤエガワカンバ，12. ウダイカンバ，13. アサダ，14. サワシバ，15. ブナ，16. ミズナラ，17. クリ，18. ハルニレ，19. オヒョウ，20. カツラ，21. ホオノキ，22. キタコブシ，23. エゾヤマザクラ，24. シウリザクラ，25. ナナカマド，26. アズキナシ，27. イヌエンジュ，28. キハダ，29 . ニガキ，30. ハウチワカエデ，31. ヤマモミジ，32. イタヤカエデ，33. トチノキ，34. オオバボダイジュ，35. シナノキ，36. ハリギリ，37. コシアブラ，38. ミズキ，39. ハクウンボク，40. ハシドイ，41. ヤチダモ．

ができる．この直線の傾きが回転率である．回転率が1.0であれば最初に作られた葉が最後までついていることを示す．そのためには，すべての葉が一斉に開き，また一斉に落ちなければならない．2.0であれば途中でそっくり入れかわっていることになる．さすがに回転率がちょうど1.0になる種はなく，一番小さいものは1.1のハウチワカエデ（図3.1の30）である．ほかに，トチノキ（同33，

図3.2 トチノキ開葉の様子

図 3.2），オオバボダイジュ（同 34），ブナ（同 15），ミズナラ（同 16）などが小さい．葉寿命の短いのはケヤマハンノキ（同 7），ハンノキ（同 8），オノエヤナギ（同 4，図 3.3）などで，これらは回転率 2.0 に達する．着葉期間が短いのはヤチダモ（同 41，図 3.4）で，140 日くらいしかない．開葉時期が遅く，しかも葉寿命もそれほど長くないのである．全体の点の並びは，ヤチダモを頂点とした倒立した三角形のようになる．このシンポジウムで話した内容は，種生物学会で出していた *Plant Species Biology* 誌に載せてもらうことになった（Kikuzawa, 1988）．査読者からは大変面白い論文なので，この図の点それぞれがどんな種であるかわかるように番号をつけたらもっと興味をもたれるのではないかという助言をもらった．

　シンポジウムでは私の次に小池孝良さんが光合成特性との関連に

図3.3　オノエヤナギ

図3.4　ヤチダモ

ついて話された．酒井聡樹さんはカエデのシュート伸長と葉の特性
について，最後の高田壮則さんは数学モデルの話だった．高田さん
はまず，その頃巌佐庸さんが発表されたばかりの植物の生活史モデ
ルを紹介された (Iwasa & Cohen, 1989). これは私の論文を引用し
て一斉開葉や順次開葉にどんな意味があるかといったことから出発
し，草本も含めた植物全体の季節的な生長様式をモデル化したもの
で，私たちが読むには難解であった．高田さんもこれを読んで全部

計算するのに1週間かかったという話をされていた．次に高田さん自身のモデル（原田泰志さんとの共著 Harada & Takada, 1988）の話で，季節的に温度や光条件などが変化する環境において，植物はいつ葉を開いて，いつ落とすのが有利かといった話であった．モデルの内容よりも，こういった話をモデル化できるということ自体が私には驚きであり，こういったモデルであれば，自分にも作れるのではないかと思われた．これは私にとって最大の収穫であった．

　種生物学会に比べると日本林学会（現在の日本森林学会）はすごく大きな学会であり，様々な分科会があった．その一つから，講演の招待を受けた．種生物学会とまったく同じ話をするわけにもいかないので，ここでは常緑性・落葉性をどう説明するかをシャボット氏らの考えを紹介しながら，高田さんの話に刺激を受けて自分で作ったモデルを交えて話した．しかしそのモデルたるや，冬にいったん葉を落とし，翌年また新たな葉を作ったほうが得か，それとも古い葉を冬のあいだの維持コストを支払っても維持したほうが得かを，不等式の形で並べただけであって，口でいえばわかることを数式化したようなものだった．

　穂積和夫先生が会場にお見えになっていたのは驚きであった．普段あまり質問などもされない先生が私の講演に意見を述べてくださったのはさらに大きな驚きと喜びだった．「穂積さんがコメントされた」と穂積先生の直接の弟子である小池さんたちが騒いでいた．私としては上出来のものではなかったが，いろんな人に刺激を与え，また刺激を受けたことは間違いのないことだった．

　常緑性・落葉性が問題だからといって即時的に，常緑性は，あるいは落葉性は，と書き出すモデルでは駄目なようだ．やはり本質的なところにさかのぼって作り上げなければならない．本質的問題とは，葉が光合成の器官であること，これを最大にするように葉の寿

命は決まっている，ということにほかならない．ところでそういう
ことはシャボット氏とヒックス氏がすでに述べていることである．
では彼らのモデルで十分なのか．

　しかし彼らのモデルでは常緑性の地理分布を説明できなかったで
はないか．彼らは常緑の地理的二山問題は炭素エコノミーでは説明
できないといっているけれども，そうではあるまい．葉が炭素獲得
器官である以上，やはり炭素エコノミーで説明されるべきである．
とすると彼らのモデルのどこがおかしいのか．思考はぐるぐる回る
だけであった．

　しかしあるとき，シャボット氏らのモデルのどこに問題があるか
に気付いた．彼らの式は葉の炭素エコノミーを表している．しかし
問題は葉ではなく，葉をつけている個体なのである．主役は植物個
体なのだ．個体は葉をつけたり落としたりできる．それによって，
できるだけ大量の光合成産物を作り出す．これは新しい葉を作るこ
とや，幹を太らせ伸ばし，花を咲かせ種子を作り出すことに使われ
る．種子が多数散布されると，特定の性質をもった子孫が増えてい
く．これこそが生物の進化であり，それをもたらすのは自然淘汰で
ある．

　では，個体単位にシャボット氏らの式を書きかえるにはどうす
ればよいのか．1本の木は，数万あるいは数十万枚の葉をもってい
る．そのそれぞれに式を書くのは不可能だろう．葉の数の倍数を掛
け算するだけなら，元の式と変わらない．

　答えは意外にも，すでに存在した．私はその答えをすでに「知
っていた」のだ．ただしそれがすぐに，適切な解として出てこな
かっただけである．その数年前にブルームさんらによって「植物
の資源制限—経済学との類似（Resource limitation in plants-an
economic analogy）」という総説（レビュー）がやはり「生態学と

系統学の進歩（*Annual Review of Ecology and Systematics*）」に出ており，これまた時間をかけて読んでいたからである（Bloom *et al*., 1985）．総説は植物個体のふるまいをミクロ経済学における個人や企業のふるまいになぞらえて理解し，そこからいくつかの原則を導き出し，野外の植物のふるまいに当てはめてレビューしたものだった．そもそも私はミクロ経済学というものに不案内だった．学生時代に読んだが，本の名を正確には覚えていないサムエルソンの『エコノミー』は市場における需要曲線と供給曲線を考えるマクロ経済学という範疇に入るもののようであった．そこで，ミクロ経済学の入門書を読み，また経済学事典で用語を確かめ，ノートに写し取ったりしながら，ブルームさんの論文を読んだ．

　その中で，企業はゲインそのものでなく，マージナルゲイン（限界利得）を最大化するという原則が述べられていた．

　最大化すべきなのは稼ぎそのものではなく，限界利得なのである．つまり効率であり，時間当たりの稼ぎなのだ．企業は使える資本に限りがあるので，それを効率よく使わなければならないのである．植物についていえば，つけられる葉の数に限りがあるので効率よくつけかえなければならないと言いかえることができるだろう．極端な場合として，植物は葉を1枚しかつけられないと考えてみよう．

　式の形はシャボット氏らの (2.1) 式をそのまま使う．しかし引き算の項目が多すぎてややこしいだけなので一つにまとめる．最初に葉を作るコストは必須のものなので残しておく．ほかのものは無視する．無視するというよりも，葉を作るコストの中に葉食性昆虫に食われる量なども入っているものと考えておく．好適期間と不適期間を分けて記述するのはとりあえず止める．まずは好適期間がずっと続くものとしておこう．Σ（シグマ；足し算の記号）を $\int$（イ

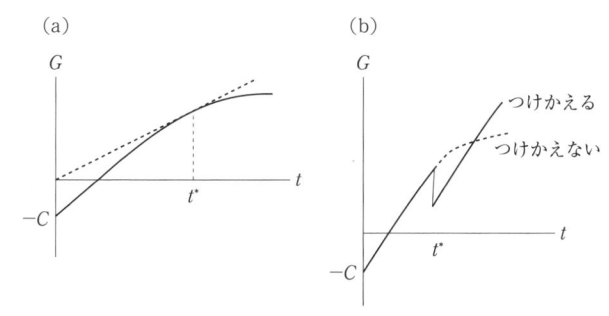

図3.5　葉寿命モデル

時間（t，横軸）と葉の積算稼ぎ（G，縦軸）の関係．(a)$-C$から出発した稼ぎは時間
とともに増加するが，増加速度は鈍くなっていく．最適つけかえ時期は原点から引い
た直線が曲線と接するところである．この点で（稼ぎ/時間）が最大になる．(b)つけ
かえたほうが最終稼ぎは大きくなることを示す模式図．

ンテグラル；積分記号）に変えてモデルの完成である．

$$g = \frac{G}{t} = \frac{1}{t}\left(\int_0^t p(t)dt - C\right) \qquad (3.1)$$

ここで G は葉が開いてからの積算稼ぎであり，それは光合成速度
$p(t)$ を葉の生まれた時間 0 から任意の時間 t まで積分したものであ
る．C は葉の作成コストである．最大化すべきは G ではなく，それ
を時間 t で割ったマージナルゲイン（限界利得）g である．効率の
悪くなった葉は，新しい効率のよい葉につけかえたほうが，個体に
とっての稼ぎは大きくなるからである．

　光合成速度 $p(t)$ は時間の関数である．時間とともに減少する．
ふつうは葉が古びてきて減少すると考える．しかし葉の回りの光環
境が悪化して速度が低下することもある．いずれにしても，時間と
ともに低下する．低下しないのなら葉をつけかえる必要もなく，葉
の寿命という問題も生じない．

　G の時間的変化を図示すると次のようになる（図3.5a）．横軸に
時間 t を，縦軸に葉が生まれてから今までに稼いだ積算の稼ぎ G を

とる．時間 0 のとき稼ぎは $-C$ である．つまり作られたばかりの葉は，その葉を作ったコストがかかっているだけで，まだ何も稼いでいない．したがってマイナスからの出発である．やがて，葉は光合成を行い炭素化合物を稼いでいく．最初のマイナス分を超え，稼ぎはプラスとなる．しかし，時間とともにその稼ぎの増え方は少なくなってくる．そしてついに，葉はもはや光合成ができなくなり，稼ぎは増えなくなる．葉の稼ぎを考えると，ここがその葉の稼ぎの最大値である．したがって葉をここでつけかえればよい．稼げなくなった葉をつけておいても仕方ないからだ．しかし，葉をつけている植物個体の立場からすると答えは異なる．それはマージナルゲイン（限界利得），すなわち時間当たりの稼ぎを最大にするところであるべきだ．

　時間当たりの稼ぎが最大になる点をグラフで求めるのは簡単である．原点から引いた直線 $G = gt$ の勾配 g を最大化するのだから，直線がこの曲線と接するところを求めればよい（図 3.5a）．曲線は上に凸であるから，接線より上には存在しない，すなわちこの点が最大である．では，なぜこの点でつけかえると個体にとっての最大稼ぎになるのだろうか？　ここで新しい葉を作ると，作成コストがかかるために今まで稼いだ分を使わなければならない．合計稼ぎは低下する．しかし葉が新しくなり光合成速度が高くなったために稼ぎの増加は大きく，最終的にはつけかえない場合よりも稼ぎの合計は大きくなるのである（図 3.5b）．

　1 本の木は何万という数の葉をつけていて，それぞれの光合成速度を足し算してやるにはどうすればよいのか，と悩んだけれどもその必要はなかった．植物個体がたった 1 枚しか葉をつけないと考えればよいのだ．1 枚しか葉をつけられないのであれば次の問題は，その葉をいつつけかえるかだけである．その解はマージナルゲイン

（限界利得）最大の時期ということなのである．何の制約もなく，植物個体は無制限に葉をつけられるとしたらどうだろうか．その場合は，それぞれの葉が光合成をしなくなるまでつけておくのがよいのである．つまりその場合の最適葉寿命は図 3.5b になる（この点は論文を書くときに原田泰志さんに指摘されたことである）．実際の植物はそれぞれ何らかの制約下に生きていて，無限に葉をつけられるということはない．隣接個体があるから横方向への拡張は制約下におかれる．縦方向には伸びられるが，下のほうについている葉は日陰となってしまう．しかし生長は続けているから，1 枚しかつけられないというほど厳しい制約下にあるものは少ないかもしれない．したがって，実際の葉寿命はマージナルゲイン（限界利得）g を最大化する位置と，もはや光合成を行わなくなる位置との中間のどこかにあるのだろう．

　葉の光合成速度の時間的低下を表すのに，一番簡単な近似として直線的低下を考えた．

$$p(t) = a(1 - t/b) \tag{3.2}$$

ここで a と b は植物の葉ごとに決まる定数である．a は時間が 0 のときの葉の光合成速度である．葉が若いほど光合成速度が高いと述べたが，出現したばかりの葉はまだ十分に開いてもいず，光合成速度は低い．葉が十分展開し，内容が充実した頃に最大になるといわれているので，このときを時間 0 とする．パラメーターの b は，葉の光合成速度が低下し，ついに 0 になる時間を表している．つまり潜在葉寿命である．この逆数 $1/b$ は，光合成速度の時間低下率を表すことになる．この (3.2) 式を (3.1) 式に代入して積分し，g を求める．この g，つまりマージナルゲイン（限界利得）を最大化する t を求めるために，今度は g を時間 t について微分する．これが 0

になる t が，g を最大化する t である（ひょっとすると，最小化する t かもしれないので，もう1回微分したものが負，つまり曲線が上に凸であることを確かめておく）．g を最大化する t を t^* とすれば

$$t^* = \left(\frac{2bC}{a} \right)^{\frac{1}{2}} \tag{3.3}$$

が得られる．

　この式から，t^* は光合成速度が低いほど，光合成速度が0になる日数（潜在葉寿命）が長いほど，葉の作成コストが大きいほど，長くなることが予測される．

　この式は簡単で美しいので，きっと真実をつかんでいると確信した．

　常緑性の葉は厚く，硬そうで，てかてか光っていたりして，いかにも長持ちしそうだ．逆に落葉性の葉はぺらぺら薄くて，1年ももたないような葉だという気がする．単位面積当たりにすれば，葉を作成するコストは常緑性のほうが大きいようだということは一目瞭然と思える．しかし葉の単位重量当たりの作成コストや光合成を考えると，面積当たりの重さは考慮の外におかれ，葉の作成コストとは原材料であるグルコースを使って葉の組織を作り出す際のエネルギーということになる．そしてこの作成コストは常緑でも落葉でもあまり変わらないらしい（Villar & Merino, 2001）．

　そこで私は単位面積の葉を問題にし，光合成も単位面積当たりで測定する場合は，葉のコストも単位面積当たりで出さなければならぬと考えた．その場合の葉の作成コストを C とし，グルコースから葉の組織を作り出す際のコストを小文字の c で表した．この両者は次のような関係になる．

$$C = c\text{LMA} \tag{3.4}$$

ただし LMA は葉の単位面積当たりの重量である（leaf mass per area の略で，比葉重という）．この式と先に示した最適葉寿命との式（3.3 式）によれば，葉寿命は LMA と正の相関をもつはずである．

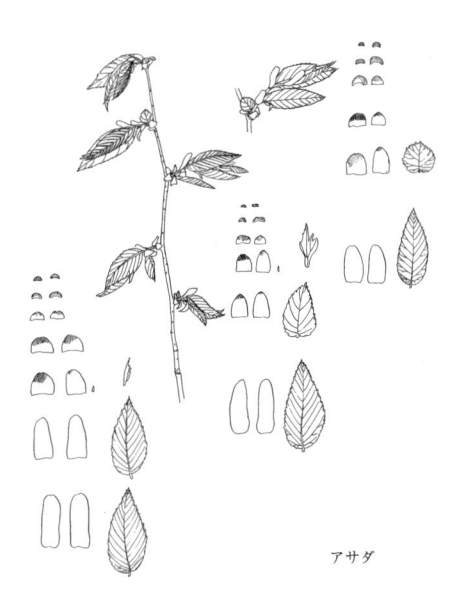

アサダ

検証と批判

（3.3）式によれば，葉寿命は光合成速度，その低下速度（あるいは潜在葉寿命）および LMA（葉の単位面積あたりの重量）の3つのパラメーターで決まるはずである．したがって3つのパラメーターと葉寿命との関係を示すことが必要になる．また，3つのパラメーターに影響する要因との関連を示せれば，理論を支持する傍証になるだろう．その場合，同じ種内の異なる環境条件下で葉寿命の変異を調べる方法と，様々な環境条件に生育する様々な種を比べてみるという方法が考えられる．

4.1 エゾユズリハ

エゾユズリハは常緑性の低木で日本海側の雪の深い地域に見られ（図 2.1 参照），林冠の閉鎖した暗い林床や，林冠閉鎖の破れた比較的明るいギャップにも見られる（図 4.1）．1年間に伸びた部分は葉や，葉の落ちた痕跡（葉痕）から見当がつくが，明るいところでは2年分しか葉をもっていない．これに対して暗い林床では4〜

図 4.1　林冠に開いた隙間（ギャップ）

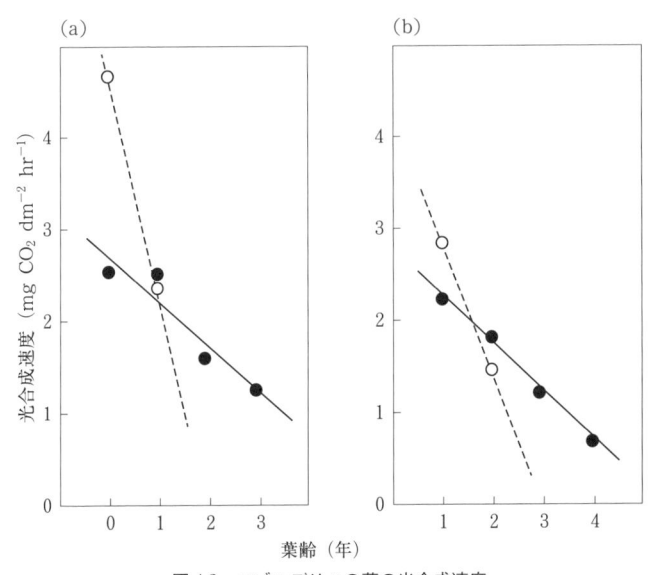

図 4.2　エゾユズリハの葉の光合成速度

異なる環境（黒丸：閉鎖した林内，白丸：林冠ギャップ）における光合成速度を葉齢別に示した．(a)1987 年 10 月，(b)1988 年 4 月（Kikuzawa, 1989）.

5年分の葉をもっている．明るい場では光合成速度は高いがすぐに低下してしまう．これに対して暗い場では，光合成速度は低いがゆっくりと低下する（図4.2）．このように，エゾユズリハでは棲み場所の光条件が異なるのに応じて光合成速度が変化し，それにともなって葉寿命が変化していて，理論を支持する結果だと考えてよい（Kikuzawa, 1989）．

4.2 冠水と葉寿命

北海道の林業試験場では寺澤和彦さんが，樹木に与える冠水[1]の影響を実験的に調べていた．樹木には水際に生育し冠水しても耐えられる種もあれば，水をかぶるような立地条件には耐えられず枯れてしまう種もある．そのような違いが生じるのはどのようなメカニズムによるのか．寺澤さんは苗木を鉢に植え，土壌表面がちょうど水面ぎりぎりになるまで，鉢全体を水に沈めるという簡単な実験を試みていた．材料とした樹種はシラカンバとハンノキである．シラカンバは北海道にはどこにでも見られる樹種だが，山地，丘陵地，平地などに見られても，川のそばや湿地にはあまり見られない（図4.3）．ハンノキ（図4.4）は北海道から沖縄まで分布範囲は広いが，北海道では釧路湿原などの湿原，川のそばなどにも見られ，冠水するところでも耐えられるようだ．6月中旬，この2種の鉢を水に浸けると，数日ならずして違いが現れてきた．シラカンバ（図4.5）では新しい枝が伸びなくなり，新しい葉もあまり出てこない．葉の寿命を比べると，冠水区で短くなった．試験を始めた6月中旬にすでに存在していたシラカンバのシュート基部第1〜2葉は，試験

---

[1] 土壌表面が水に浸かることを flooding という．冠水，湛水，滞水などの語が当てられるが，一つに決まった用語はないらしい．木の頂端まで水に浸かる場合は沈水という（東京農業大学　寺澤和彦教授による）．

図4.3　シラカンバを主とする広葉樹林

図4.4　ハンノキのシュート
黄変した葉（中央）や，葉の脱落した痕跡（葉痕）などが見られる.

を始めた6月中旬から20〜40日で枯れ落ちたが，冠水していない
対照のシラカンバでは，第1〜2葉はその後80〜100日ほども生き
延びた（図4.6）．また新しく出た葉が落ちるまでの日数，つまり葉

図 4.5　シラカンバ

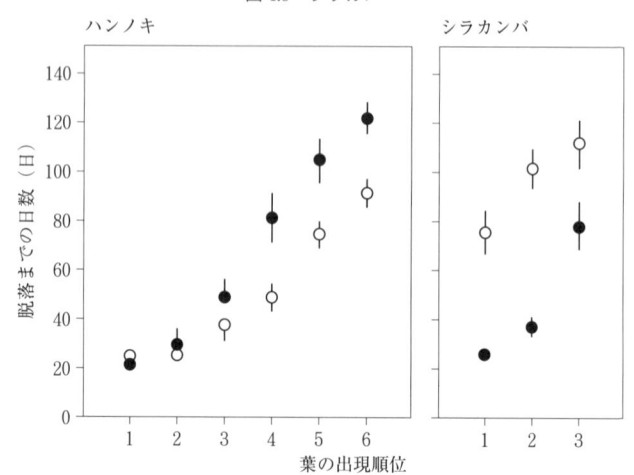

図 4.6　冠水処理の，すでに存在した葉の生存に与える影響

横軸：葉の出現順位，縦軸：6 月 15 日の冠水開始時にすでに存在していた葉の，脱落までの日数．白丸：無処理区，黒丸：冠水区（Terazawa & Kikuzawa, 1994）.

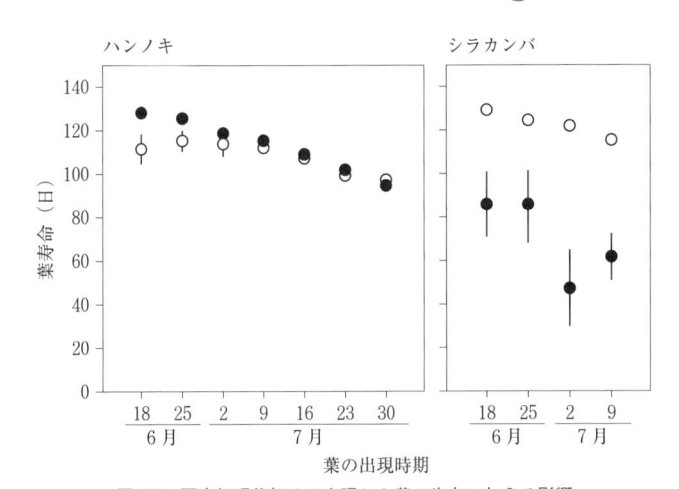

図 4.7　冠水処理後初めて出現した葉の生存に与える影響

6 月 15 日の冠水開始時以降に出現した葉の寿命を表す. 横軸：葉の出現時期, 縦軸：
葉寿命. 白丸：無処理区, 黒丸：冠水区 (Terazawa & Kikuzawa, 1994).

の寿命は対照では 100〜120 日であったのに対し, 冠水区では 40〜
80 日と短くなった（図 4.7）.

　ハンノキでは逆に, すでに開いていた葉の寿命が冠水によって延
びる傾向が見られた. 基部から第 4 番目の葉は, 6 月中旬以降 40 日
程度生きるのがふつうであったが, 冠水区では 80 日近くも生き延
びた. 第 5, 6 番目の葉もほぼ同じ傾向で対照と比べて約 1 カ月は
長く生存した（図 4.6）. 冠水処理後, 新しく出た葉でも 10 日程度
対照より長いか, それほど変わらないという結果であり, シラカン
バのように冠水によって葉が早く落ちてしまうということはなかっ
た（図 4.7）.

　根が水に浸かると, 根への酸素供給が少なくなり樹木は様々な影
響を受け, シラカンバに限らず山地に生活する種は葉を早く落と
し, 光合成活動も制限を受け, やがては枯死に至るのであろう. こ

れに対しハンノキでは，6月から11月まで続けた程度の実験では対照個体とあまり変わりなく生存した．とくに，冠水以前からつけていた葉を長持ちさせて，冠水による悪影響を何とか補償しようとしているように思われた．根への酸素供給不足という悪影響を回避するために，根と幹の境目あたりから盛んに新しい根（不定根）を伸長させたり，皮目という酸素吸収のための穴を幹表面に増やしていることなどが観察された．当然こういった組織の整備のためには，光合成産物を必要とするから，葉を長くつけることで頑張っているのだろう．これは (3.3) 式の葉寿命の理論を補強するようなデータだと思われた．河畔などの水際に適応した樹種の，形態的な適応については以前から報告があり，それほど新規な発見とは見なされなかったが，冠水によって葉寿命が変化することは寺澤さんの新発見のようであった (Terazawa & Kikuzawa, 1994)．葉寿命の理論では，冠水という光合成速度を低くする要因によって (3.3) 式の a が小さくなると最適葉寿命は長くなることが予想されていて，実験結果に合致する．シラカンバのように逆の傾向を示すのは，もはや理論の予測する範囲を超えて枯死寸前に至っているのだと考えられる．

4.3　数多くの種を使った傍証

(3.3) 式から得られる3つの予測，すなわち予測①：葉寿命は光合成速度 (a) とは負の相関をもつだろう，予測②：葉寿命は潜在葉寿命 (b) とは正の相関をもつだろう，予測③：葉寿命は LMA とは正の相関をもつだろう（または LMA の逆数である SLA（specific leaf area の略で比葉面積という）とは負の相関をもつだろう），を今度は既存のデータを使って様々な種を比較することにより確かめてみた．これらのうち一部はすでに教科書に紹介されているよ

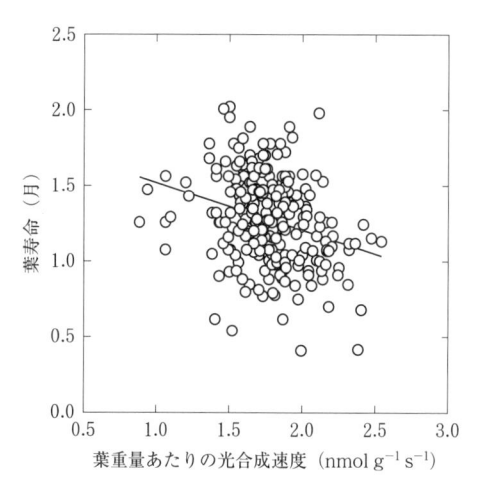

図 4.8　葉重量当たり光合成速度（横軸，対数変換した値，$\mathrm{nmol\,g^{-1}\,s^{-1}}$）と葉寿命（縦軸，対数変換した値，月）の負の相関関係
　Wright *et al.*（2004）のデータベースより作図．$y = -0.312x + 1.82(R^2 = 0.28)$．

うなものもあり（Larcher, 1975），アメリカのピーター・ライヒがずいぶん前から取り組んできていて数多くの論文を発表しているが（Reich *et al.*, 1992; Reich, 2014），ここでは，ピーターが主唱し，オーストラリアのイアン・ライトが作り上げたデータベース（Wright *et al.*, 2004）をもとにして調べてみた．

　図 4.8 はデータベースから作図したものであり，横軸に最大光合成速度の対数を，縦軸に葉寿命の対数をとって両者の関連を見たものである．最大光合成速度とは，光を十分に与えて光合成速度を測定したものである．葉寿命は光合成速度と負の相関をもつことが示されている．この光合成データは単位葉重量当たりの光合成速度であるが，単位葉面積当たりの光合成速度であっても基本的な傾向は変わらない．ただし (3.3) 式からは勾配が -0.5 になることが期待されるが，図 4.8 の勾配は -0.31 であり，厳密には一致しない．予

測②は葉寿命と葉寿命との関連であるから，正の相関があって当然のようにも思われるが，それをあらためて検証するのは難しい．同一の葉について適度に時間間隔をおいて，光合成速度を測らねばならないからだ．それによって光合成速度が葉齢にともなって減少していくことを示し，直線で回帰してそれが 0 になる時点を見つけ出すのである．そこが b（潜在葉寿命）の値である．北島薫さんが，パナマの熱帯林の樹木 5 種について，この方法で b の値を求めておられる．1 種は光合成速度の低下の仕方が統計的に有意でなかったので，4 種について見ると，その b の値は 365〜985 日であった．これに対し，実際の葉寿命は平均 174〜314 日であった．平均葉寿命は b の値の 1/3〜1/2 程度なのである（Kitajima *et al.*, 1997, 2002）．ずっと後年になるが私たちも，ブナやハンノキ，アカメガシワなどで測定してみた．まったく同じ葉でなくても，葉齢の異なる葉について光合成速度が測られているものも使うことにした．こうして推定した b の値と実際の葉寿命との関係を調べてみたところ（図4.9），有意な正比例に近い相関が得られている（Kikuzawa *et al.*, 2013b）．

　最後は LMA との関係である．図 4.10 はイアンが集めた世界中の葉データについて，葉寿命と LMA との関係（両者とも対数値）を見たものだが，たしかに正の相関を示している．ただし，ここでも勾配は期待通り 0.5 にはならず 0.62 程度である．葉寿命が光合成速度とは負の，潜在葉寿命と LMA とは正の相関を示すことから，多くの種の比較でも (3.3) 式は成功していると考えた．

　私の理論式に対する支持とともに批判も当然出てくる．それらについても検討せねばならない．

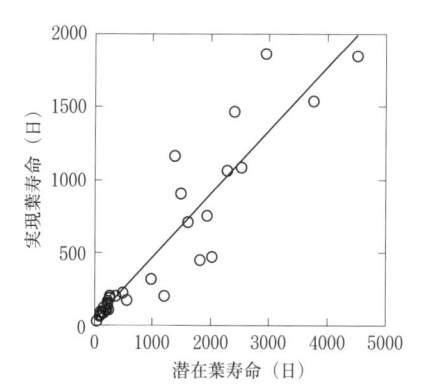

図4.9　潜在葉寿命（横軸，日）と実現葉寿命（縦軸，日）の関係
特定の葉について実測より求めた場合と，特定の種の葉についてそれぞれ求めた場合とがある．29種の34例から求めた．平均的には潜在葉寿命は実現葉寿命の2倍である（Kikuzawa *et al.*, 2013b）．$y = 2.0x + 94 (R^2 = 0.86)$．

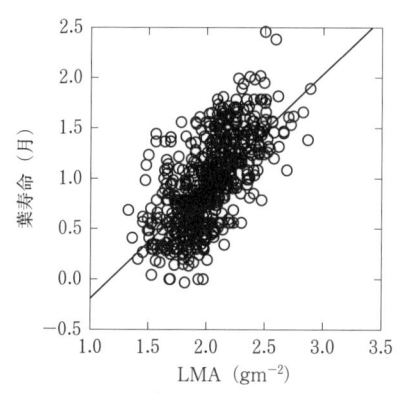

図4.10　葉の面積当たりの重量（横軸，LMA：gm^{-2}，対数変換した値）と葉寿命（縦軸，対数変換した値，月）との関係
　Wright *et al.* (2004) のデータベースより作図．$y = 0.628x - 0.07 (R^2 = 0.24)$．

4.4 様々な批判

　デイビッド・アッカリーは熱帯林の樹木の葉寿命について研究
し，ハーバードのバザッツ教授のもとで博士号を取った人である．
デイビッドは，ガラス室内に植えた植物について観察し，葉の寿
命，光合成速度，光合成速度の葉齢にともなう低下などのあいだに
存在する関係は，私の理論で定性的にはよく理解できると述べてい
て，別の論文ではいまだ会ったこともない私に謝辞を述べてくれた
(Ackerly, 1996)．デイビッドはしかし，定量的な予測を行うには，
私の理論では十分でないと考えていた．とくに，実際の葉寿命がポ
テンシャルよりもかなり低いことに疑問をもったようだ (Ackerly,
1999)．たしかに，まだ働けるのに落としてしまうというのは直観
に反している．しかし私の理論では，まだ働けても，交代したほう
がよいのである．北島さんの測定でも現実の葉寿命は潜在葉寿命 b
の値の半分かそれ以下であった．これを光合成速度に読みかえる
と，やはり最大の半分程度なのである．

　トム・ギブニッシュの批判は，葉を落とす前に養分を回収するこ
との意義に関するものであった (Givnish, 2002)．窒素化合物は落
葉前に壊され，窒素は別の葉で再利用される．この場合，葉を早め
に落としても意義があるだろう．しかし炭素は葉の構造を作るセル
ロースやリグニンとして使われる．鉄筋やコンクリートのような
ものだ．こんなものを壊すのは大変だし，壊したところで再利用の
しようもない．だからこそ葉は，窒素やリンなどの養分を抜かれた
後，そのままの姿で落葉するのだ．炭素エコノミーから考えて，葉
を早めに落とす意義などないのである．トムの批判はもっともであ
ったが，いささか的外れともいえた．私の理論は，植物個体がある
時点で一定数の葉しかもてないということを前提にしている．いく

らでも葉をもてるなら，葉の能力が0になるまでつけておけばよいのだ．しかし一定数しかもてないのであれば，極端な場合1枚しかもてないとすれば，必ずどこかの時点でつけかえる必要がある．それはどこかといえば，(3.3) 式で示したところとなるはずだ．したがってこの式は，「葉を1枚しかもてない」という「理想状態」における植物のふるまいを示したものといえるのではないだろうか．

　スーさんたち (Xu et $al.$, 2017) はごく最近，3つの点から私のモデルを批判している．まず第1に，(3.3) 式の3つのパラメーター a, b, C は独立ではなく，相互に関係があるのではないかという疑問である．たとえば LMA が大きいと，葉が厚く，強くなるが，その分，光合成組織への投資は少なくなり光合成速度は低くなるだろう．私の理論にはその関係は前提とはされていない．しかしパラメーター間の関係は資源配分を媒介にして組み込まれているともいえる．たとえば，葉寿命を長くし，光合成速度も高くするような葉を作ることはできない．それは資源配分の面から，「あれもこれも」というわけにはいかないからである．葉寿命を長くすれば，光合成速度は低くなる「あれかこれか（トレードオフ）」なのである．一方，葉寿命を短く，光合成速度も低い葉を作り出すことはできる．しかしそんな植物は自然淘汰のもとで生き残ってゆけないだろう．

　スーさんたちの第2の疑問点は，温度，降水量，光強度，栄養塩類などの無機環境がこのモデルには入っていないことである．(3.3) 式の基本モデルでは明示していないが，外部環境は好適のままずっと続くようになっている．しかしこれを現実の世界に適用する場合には，様々な外部環境を考慮しなければならない．常緑性・落葉性を考えるときには，好適期間の長さ f を変化する外部環境として導入した．f は温度と降水量によって決められるので，気温と降水量をことさらに入れることはしなかった．

(3.3)式で葉のコストは葉の重さと葉を合成するエネルギーの積として表されているが，実際葉を支えているのは枝であり，それは幹，根につながっている．これらの作成と維持のコストも式に導入しなければならないというのが第3の疑問である．この疑問には後で述べるがすでに答えていて，デイビットと共同で改良式（5.2式）を作っている (Kikuzawa & Ackerly, 1999).

タブノキ

常緑性と落葉性

5.1 常緑性・落葉性への適用

(3.1) 式を常緑性と落葉性に適用するにはどうすればよいか，この問題はさほど難しくない．光合成の式を光合成好適期間と不適期間とに分けて書けばよいだけである．ただし不適期間中も葉をつけていると，そのあいだも葉は呼吸をするからその分を差し引かなければならない．式で書くと次のようになる．ただし式中の [ ] はガウス記号といって，数字の整数部分を表している．たとえば4年と6カ月であれば，4年を意味する．r は呼吸速度である．この式では葉はついている限り，夏も冬も同じように呼吸している．

$$g = \frac{G}{t} = \frac{1}{t}\Big(\int_0^f p(t)dt + \int_1^{1+f} p(t)dt + \ldots. \\ + \int_{[t]}^t p(t)dt - \int_0^t r(t)dt - C\Big) \tag{5.1}$$

グラフで描くと，好適期間中は光合成によって稼ぎが増えるが，

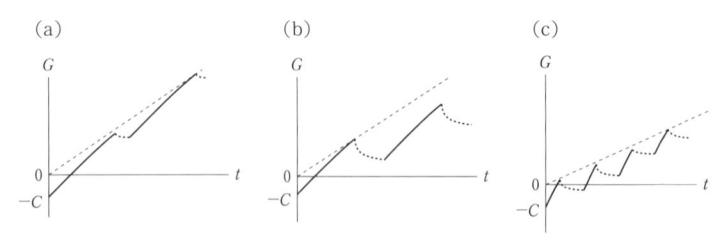

図5.1　季節環境での光合成稼ぎの時間推移を表す模式図

横軸：時間 (t), 縦軸：葉の積算稼ぎ (G). $-C$ から出発した稼ぎは時間とともに増加するが, 増加速度は鈍くなっていく. 最適つけかえ時期は原点から引いた直線が曲線と接するところである. この点で（稼ぎ/時間）が最大になる.（a）好適期間が長く, 不適期間が短いと, 不適期間中葉をつけたまま過ごし, 次の好適期間の始まりにすぐさま活動できるようにする（常緑性）ものが多い.（b）不適期間が長くなるとそのあいだは葉を落とす落葉性が多くなる.（c）不適期間がさらに長くなると, 1年では葉にかけたコストを払い戻せなくなり, 長年かけて稼ぐ常緑性が多くなる.

不適期間中は稼ぎがなく消費だけがあるから稼ぎは減る. つまり増加カーブと減少カーブが繰り返すジグザグの曲線となるのだ（図5.1）. 最適時期はやはり原点から引いた直線が, 曲線と接する点をもって定める. もし最適時期が最初の好適期間の途中あるいは終わった時点であれば, それは落葉性だ. もし冬を越して2年目またはそれより後で落としたほうがよいということであれば, それは常緑性である.（3.2）式および（5.1）式のパラメーター a, b, C および新たに導入した呼吸速度 r の値によって, 常緑性か落葉性かは変わってくる. また好適期間の長さ f の値によっても変わる. この曲線はギザギザの微分不可能な点を数多く含むので, 解析では解けず, パラメーターの値を適宜与えて, コンピューターに計算してもらうしかない.

　パラメーター a, b, C および r にいくらかの値を与え, それぞれの組み合わせごとにある f での光合成生産 G を計算し, 時間 t で割った限界光合成生産 g を計算する. この g がどの時間で最大にな

るかを求める．もしどの時間でも G がプラスの値にならなければ，そのような組み合わせは，この環境（与えられた長さの f）では生活できないのだと考えて，この組み合わせは捨てる．これで一つの組み合わせについての計算が終わる．次にパラメーターの一つの値を変えてみる．そして同じ計算を行う．このようにして，パラメーターのあらゆる組み合わせについて計算してみた．

あるパラメーターの組み合わせは，植物の一つの「種」であると考えることができる．好適期間の長さ f の長い環境では，いろんなパラメーターの組み合わせをもった「種」が生存できる．しかし，f が短いと特定のパラメーターの組み合わせをもった種はプラスの光合成が得られず，生活できなくなる．つまり「種数」は f が短いほど少なくなるのである．

各 f ごとに常緑性の「種数」と落葉性の「種数」を計算し，常緑性と落葉性の比率を計算してみた．好適期間の長さ f が 1.0，つまり 1 年中光合成に好適であっても，葉の寿命が 1 年より短いものは存在する．しかし 1 年中好適なのだから，彼らが落葉性であるとは考えにくい．葉寿命が短くても，葉をつけかえて常緑性を保っているに違いない．1 年中好適なところ，たとえば湿潤熱帯ではすべてが常緑性であると考えておく（図 5.2 熱帯常緑種，ただし，実際に熱帯に行ってみると，そういうところでも，ときにすべての葉が落葉する種があるらしい）．

好適期間が 1.0（年）よりも短くなっても，不適期間がさほど長くなければ，不適期間中も葉をつけ，次の好適期間にはその葉を使おうとする常緑性が多いだろう（図 5.1a，図 5.3 温帯常緑種）．好適期間が短くなるとともに，不適期間中は葉を落とし，翌年また新しい葉を作って稼ごうとする種が出現してくる．落葉性である（図 5.1b，図 5.4 温帯落葉種）．好適期間がもっと短くなり，不適期間

図 5.2　熱帯常緑性種　Neonauclea sp.

図 5.3　温帯常緑性種　マテバシイ

が長くなると落葉性の比率は増加し，常緑性の比率は低下する．好適期間の長さが 0.5 （年）のあたりで常緑性の比率は最も低くなる．ところがそれよりさらに好適期間が短くなると，短い好適期間のあ

図 5.4　温帯落葉性種　カツラ

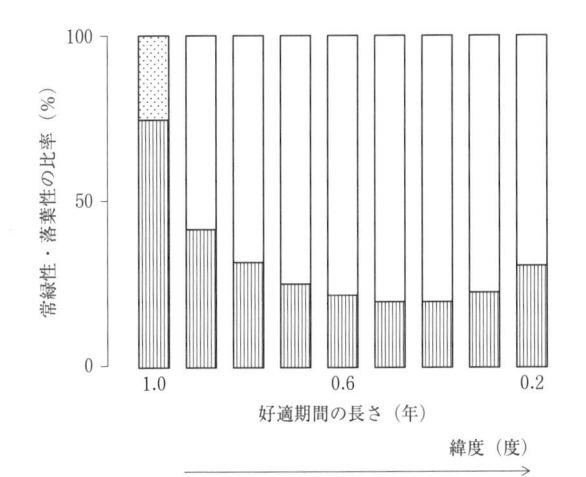

図 5.5　緯度 (横軸, 好適期間の長さ f) に対する常緑性および落葉性の「種」の比率
　　　の変化

縦線は常緑性, 点描は葉寿命は 1 年以下だが常緑性であるものを, 白抜きは落葉性を
表す (Kikuzawa, 1991).

いだでは十分な稼ぎが得られず，稼ぎを得るためには何年も葉をつけておく必要のあるものが出現する（図 5.1c）．常緑性の比率が再び増加し始めるのである．つまり，好適期間の長さ f の値に対し，常緑性の比率は初めは高く，ついで減少し，最低値に達してのちに増加する，という二山分布を示したのである（図 5.5）．

　好適期間の長さは，その土地の気温と降水量で決まる．気温だけだと，月平均気温が5℃ 以下の月は光合成に不適であるとされる．降水量のほうは何 mm 以下が不適であると一概にはいえない．気温によって変わるからである．寒いところでは蒸発量が少なく，また植物が葉から気孔を通じて蒸発させる水の量（蒸散量）も少ないから，少ない降水量でも大丈夫だが，熱帯では月に 25 mm 程度では不十分である．25 mm 以下あるいは 50 mm 以下の月降水量が 3 カ月以上続くと，乾期であるといわれるらしい．

　仮に，降水量は十分にあり，好適期間の長さが気温だけで決まるとすると，熱帯では好適期間が長く，温帯では短く，亜寒帯，寒帯ではさらに短くなるだろう．すなわち，緯度の違いは好適期間の長さの違いだということになる．

　したがって，常緑性の比率が f の長さに対して二山分布をするということは，緯度方向に二山分布をするということと同義だと読みかえてよいだろう．すなわち，わけのわからない（puzzling）問題といわれていた緯度方向への常緑性の二山分布は，私の葉寿命モデルによって解けたことになる．

　好適期間が長いといつでも光合成ができるのだから，葉をすべて落としてしまう必要はない．好適期間が短く，不適期間が長くなると，不適期間のあいだは葉を落としておいて，次の好適期間にまた新しい葉を開いたほうがよいような落葉性が出てくるだろう．不適期間が長いほど，落葉性の比率は増えていくだろう．しかしさらに

不適期間が長く，好適期間が短くなると，短い好適期間では稼ぎが十分でなく，葉への投資量も回収できないということが起こるだろう．短い好適期間に稼ぐには，よほど光合成の能率を高めるか，それとも葉の寿命を長くするしかない．好適期間が短くなると常緑性の比率が増えるのは，後者の理由によるのだろう．

　基本モデルと常緑性・落葉性への展開を合わせて一つの論文とし，*American Naturalist* 誌に投稿することにした．この雑誌が，進化生物学や生態学の理論面での leading journal だと思われていたからである．この雑誌は試験場の図書館にはなく，東浦康友さんが個人的に購読しておられた．投稿する前にかなり多くの人に原稿を見てもらった．その中にはアメリカニューヨーク州のシラキュースの学会で知り合った，マーティン・レコビッツやアイルランドのジミー・ホワイト氏などもいた．国内では原田泰志さん，高田壮則さんなどの数理生態学が専門の人たちに見てもらった．相当に練った原稿であると自負していた．

　しかし相手のガードも固かった．レフェリー2人のほかにハンドリング・エディターとチーフ・エディターからも長いコメントがきた．4人を相手に闘わなければならない．しかし恐れていた門前払いではなく，コメントを考慮して書き直せということだった．とりあえずこの論文の目指すところは面白い（興味深い）と思われているようだった．中に一人，頑強な人がいた．しかし何度かの書き直しを経て，「私は意見を変えることにした」と書いてきてくれた．ようやく受理（accept）になったが，今度は雑誌に掲載されるまでのあいだがずいぶん長く，1年近く待たされた．

　葉寿命の論文はようやく掲載され，いろんなところから別刷り請求がき始めていた．その頃は，出版社が論文の出版権と引きかえに，特定の論文の部分だけを抜き刷りした offprint を作って著者に

くれた．ふつうは 50 部程度だが，出版社によっては 250 部もくれることがあった．今では pdf ファイルを何部か配る権利をもらうことに代わっている．当時，研究者は著者に対し，別刷り請求をして送ってもらうのがふつうで，そのための専用カードを作っている人が多かった．引用される前に，別刷り請求が多数くるかどうかが，掲載後の最大関心事であった．毎日 2，3 枚ずつ請求はがきが舞い込んだ．

5.2　好適期間の長さと葉寿命

　その頃，北海道大学の院生であり，繁殖生態学セミナー（Box 1）のメンバーでもあった工藤岳さんが大雪山で面白い発見をしていた．冬期，雪が風で吹き寄せられ吹きだまりとなる場所や，逆に風によってさらわれ，同じ標高の同じような場所に積雪の浅いところができる．それぞれの地点はほんの数百 m しか離れていない．にもかかわらず，雪解けの時期は 6 月上旬から 8 月上旬まで 2 カ月も異なるために，雪のない季節の長さ（好適期間の長さ）が倍も異なることになる．そういった地点何カ所かで，冬のあいだ雪に埋もれている高山植物の葉寿命を，節ごとにつく葉の数と葉痕の数とから推測する．常緑性の植物エゾノツガザクラやキバナシャクナゲの葉寿命は，生育に好適な期間が短い場所のほうが長い．つまり葉寿命は，雪が遅くまで消え残っているところで長く，雪が早く消えるところのほうが短い．それに対して落葉性のチングルマでは，好適期間が長いと葉寿命も長くなる．常緑性の種と落葉性の種とでは，季節の長さに対する応答が異なるのである（図 5.6）．

Box 1　繁殖生態学セミナー

　1970〜1990 年代にかけて，花の数に比べて果実や種子の数が少な

いのはなぜか，動物の雄が雌をめぐって闘争するのに似た現象は植物でも見られるのか，雌が雄を選り好みするような現象が植物でも見られるのかといった興味深い問題について，性選択といった観点から考え，仮説を立て，実験するような論文が多く見られるようになってきた．カマルジット・バワは，植物が必要以上に花を咲かせるのは親による子の選別といった進化上の意義があるのではと考えていた (Bawa & Webb, 1984)．マーク・ウェストビーは，被子植物に特有の胚乳の存在を，親による子への資源配分という観点から考えていた (Westoby & Rice, 1982)．また，チャールスウォース夫妻は，植物に見られる様々な性表現が進化する条件を数式で表していた (Charlesworth & Charlesworth, 1978)．このような目新しい論文を理解するには，植物生態学だけでなく，動物の繁殖，集団遺伝，進化生物学など，今まで勉強していない新しい分野の論文や教科書を読む必要があった．私は，新しい知見を何とか理解しようとしてノートを作りながら，論文を読んだ．

　ある程度ノートが溜まった時点で，研究仲間に勉強の成果を聞いてもらうことにした．自分の理解したことをまとめ，わかったつもりでいたが，実は十分に理解していないことを発見し，次の勉強への動機づけをしようというつもりだった．高田壮則さんと大原雅さんの肝いりで月に1回程度，北海道大学の教室を借りてセミナーを行った．もちろん単位にも給料にもならない自主ゼミであったが，北海道内の各地から若い人たちが集まり活発な勉強会であった．

　このセミナーの内容は，のちに『植物の繁殖生態学』（蒼樹書房，1995）という本を書くときの骨子となった．

　これは常緑性・落葉性の理論がチャレンジするべき現象の発見であるといえた．このような現象が私のモデルで再現できるであろうか．やってみると意外に簡単にできた．パラメーターの値を与え，そのうちほかのパラメーターは動かさず，好適期間の長さ f だけ

を動かしてみる．どの f に対しても，最適葉寿命が 1 年以上になる
ものは常緑性である．常緑性でしかも f が小さくなるにつれて最
適葉寿命が長くなるものは結構たくさん出てきた．このようなふる
まいは常緑性の種にとっては適応的なのだろう．これについてはす
でに工藤さんが考察していた．生育期間 (f) が短くなると，その期
間中の稼ぎは少なくなるために，葉の寿命を延ばすことでそれを補
っているのだろう．一方，f を変化させても，いつでも最適葉寿命
が 1 年以内のものは落葉性である．これらでは，f が短くなるとそ
れに合わせて最適葉寿命も短くなった．これによって，工藤さんが
発見した傾向はモデルで再現できた．そもそも落葉性の種は冬を越
す準備をしていないために，好適期間が短くなったからといって，
葉寿命を延ばして冬を越すというわけにはいかないのだろう（葉寿
命を延ばせば，もはや落葉性ではなくなる）．そこで彼らにできる
のは，その場で何とか耐え忍ぶか，場合によっては短時間でも頑張
って稼ぐしかない．そのために葉への投資量（窒素量）を増やして
いるらしいというのが，これまた工藤さんの発見であった．そうい
うことができない場合は，f のあまりにも短いところでは生活でき
ないようになるのであろう．

　モデルをいじっているうちに，単に傾向を再現できるというだけ
でなく，キバナシャクナゲやエゾツガザクラにぴったり合うよう
な線を示したくなった．そこで，工藤さんにデータをいただいて試
行錯誤で合うような線を探してみた（図 5.6）．合わせることにどれ
だけ意義があるかはわからなかったが，合うのは気持ちのよいこ
となので，それを共著の論文にまとめることにした（Kikuzawa &
Kudo, 1995）．

　似た例はほかでも見つかった．温帯の山岳では，標高の違いによ
って光合成好適期間の長さ（f）が変化する．ただし，同時に平均気

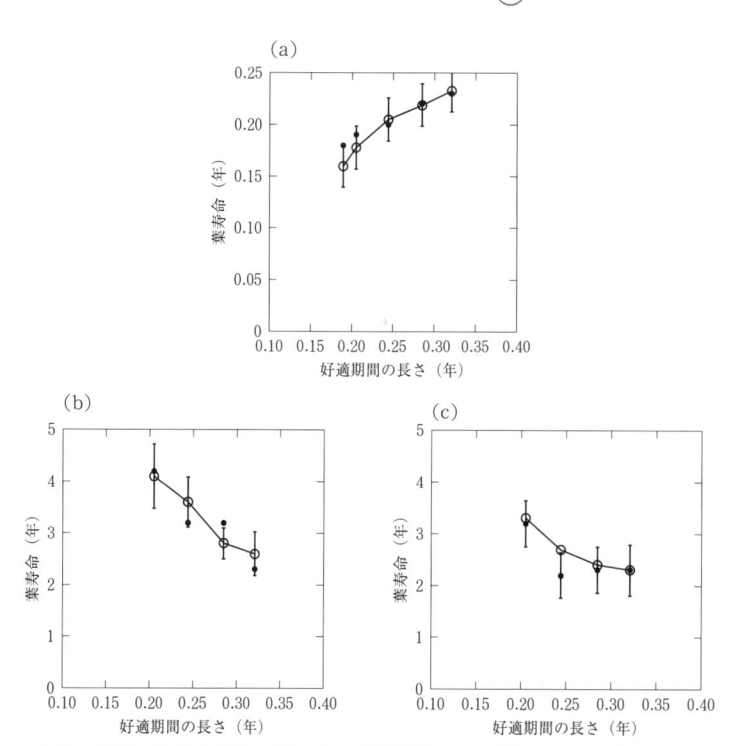

図5.6 常緑性と落葉性の高山植物3種の好適期間の長さ（横軸，年）に対する葉寿命（縦軸，年）の長さの応答

Kudo(1992)のデータに(5.1)式を当てはめたもの．(a)落葉性のチングルマ，(b)常緑性のエゾノツガザクラ，(c)常緑性のキバナシャクナゲ．横軸は好適期間の長さ f であり，雪の消えている期間の長さで表している．縦軸は葉寿命で，常緑性の種は葉痕から推定したもの，白丸：葉寿命の平均値，縦線：標準偏差，小さい黒丸：モデルから推定した葉寿命の値．落葉性の種は繰り返し観測から求めたものである（Kikuzawa & Kudo, 1995）．

温を初めとするほかの気象条件も変化するのであるが．乗鞍岳の標高が異なる地点5カ所（全体では1000 mほどの標高差がある場所）で，常緑針葉樹2種と落葉広葉樹2種の葉寿命が調査されている．常緑針葉樹（シラビソとオオシラビソ）では標高が上がるにつれて

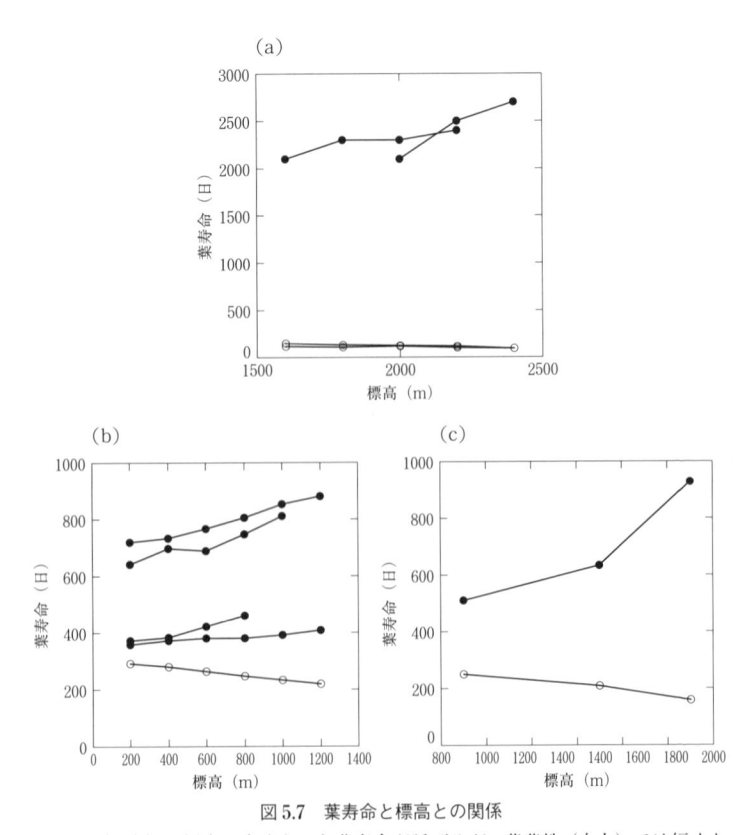

図5.7　葉寿命と標高との関係

常緑性（黒丸）は標高が高くなると葉寿命が延びるが，落葉性（白丸）では短くなる．（a）常緑針葉樹2種と落葉広葉樹2種で応答が異なる（本州中部）（Takahashi & Miyajima, 2008）．（b）常緑広葉樹4種と落葉広葉樹1種では応答が異なる（屋久島）（Fujita *et al.*, 2012）．（c）中国南部における常緑種19種（黒丸）と落葉種15種（白丸）の平均葉寿命の標高に対する異なる応答（Bai *et al.*, 2015）．

葉寿命が長くなるという傾向が出ているのに対して，落葉樹（ナナカマドとダケカンバ）では標高が上がるにつれて葉寿命は短くなっている（Takahashi & Miyajima, 2008; 図5.7a）．同じ傾向は，屋

久島において落葉広葉樹と常緑広葉樹の葉寿命を標高別に調査した
例（Fujita *et al*., 2012）でも得られていて，落葉広葉樹（ヒメシャ
ラ）では標高が高いほど葉寿命が短くなるが，常緑広葉樹（シロダ
モなど）では長くなることがわかっている（図5.7b）．

　中国南部の山地でも，常緑種19種と落葉種15種について，平均
葉寿命が計算されている（Bai *et al*., 2015）．それによると，平均葉
寿命は常緑樹では標高にともなって長くなるが，落葉樹では短くな
るという傾向が認められている（図5.7c）．

5.3　グローバルな傾向

　「最近ここの研究室の人たちを中心にして，こんな論文が出ていま
す」といってウェストビー教授の研究室のポスドクであった小野
田雄介君が教えてくれたのが，葉形質間の関係が気候によって変わ
るという興味深い題名の論文で（Wright *et al*., 2005）ある．筆頭著
者は，世界中の葉形質のデータを集めてデータベースを作り上げ，
葉形質間の関係を解析した論文（Wright *et al*., 2004）を出して一躍
名を馳せたイアン・ライトだった．以前から葉寿命についての論文
を数多く出していた旧知のピーター・ライヒも共著者に名を連ねて
いた．ずっと後年，私が京都大学を定年退職し，石川県立大学に勤
務していた頃，大学から派遣されてオーストラリアのマッコーリー
大学に滞在していたときの話である．

　論文の題名は，葉の形質間に見られる関係は気候によって変わ
る，というものであって，1つ目は葉寿命と平均気温との関係は常
緑性か落葉性かによって異なり，常緑性であれば，平均気温が低い
ほど葉寿命が長いが，落葉性であれば，平均気温が高いほど葉寿命
が長いというものであった（図5.8）．2つ目は，葉の面積当たりの
重量（LMA）と年平均気温との関係にも常緑性と落葉性のあいだに

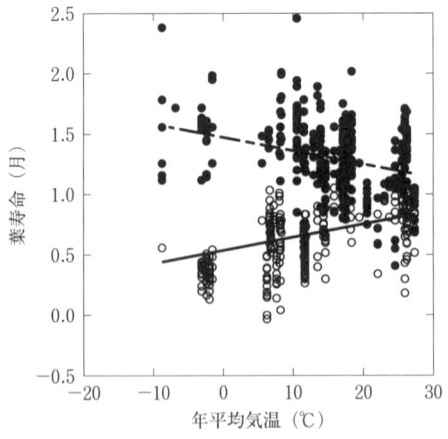

図5.8 年平均気温（横軸, ℃）と葉の寿命（対数値, 月）との関係

落葉性（白丸）と常緑性（黒丸）で傾きの方向が異なる（Wright *et al.*, 2005）. 落葉性（実線）, $y = 0.0103x + 0.535(R^2 = 0.228, p < 0.001)$. 常緑性（破線）, $y = -0.0115x + 1.48(R^2 = 0.10, p < 0.001)$.

変調が見られ, 常緑性であれば平均気温が低いほど LMA が大きいが, 落葉性であれば平均気温が高いほど LMA が大きいというものであった（図5.9）. 3つ目は, LMA と葉寿命のあいだに見られる正の相関関係が気温によって変調するというものであり, 気温が低いほど, 関係が急勾配になるというものであった（図5.10a）. ところで, 葉寿命と LMA のあいだにはすでに示したように（図4.10）正の相関があるのだから, 2つ目は1つ目と同じ問題であり, 1つ目が解ければ2つ目も自動的に解けたことになるだろう. 問題は1つ目と3つ目だ.

　1つ目の問題はすぐに見当がついた. というよりもすでにわれわれはその答えを知っているのである. 似たような図は, 葉寿命を縦軸に標高を横軸にしてすでに乗鞍岳や屋久島から報告されているからであり, また, 雪のない季節の長さを横軸にして北海道の大雪山

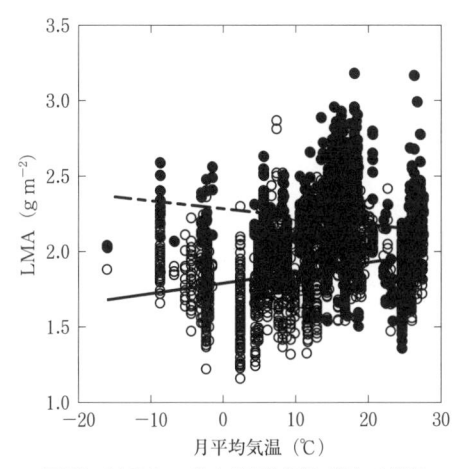

図 5.9　LMA (g m^{-2}) と月平均気温（℃）の関係

どちらも対数変換した値. 落葉性（白丸）と常緑性（黒丸）で傾きの方向が異なる (Wright *et al.*, 2005). 落葉性（実線）, $y = 0.00687x + 1.79 (R^2 = 0.0837)$. 常緑性（破線）, $y = -0.0052x + 2.285 (R^2 = 0.0175)$.

系から報告されているからである. さらに, 同様の傾向は日本列島の北海道から沖縄までで緯度を横軸にして報告されているからである (Saihanna *et al.*, 2018). 標高や緯度, 平均気温といっても, これらは光合成好適期間の長さ (f) を示しているにすぎない. それは f が主として気温で決まっているからである. ただし気をつけなければいけないことはある. 一つは f が気温ではなく乾燥によって律せられて決まっている場合, もう一つは熱帯の山岳のように f が気温とはほぼ独立な場合である. これらについては小野田君が丁寧に解析してくれた. 結論として, 実際には f は温度によって律せられている場合が多く, また乾燥によって律せられている場合でも結論は変わらないようであった. そこで簡単なシミュレーションをやってみた. 20 年近く前にやったのと同じ計算であるが, しばらくパソコンをいじっているうちに, 頭も動き出した. 基本的には前に

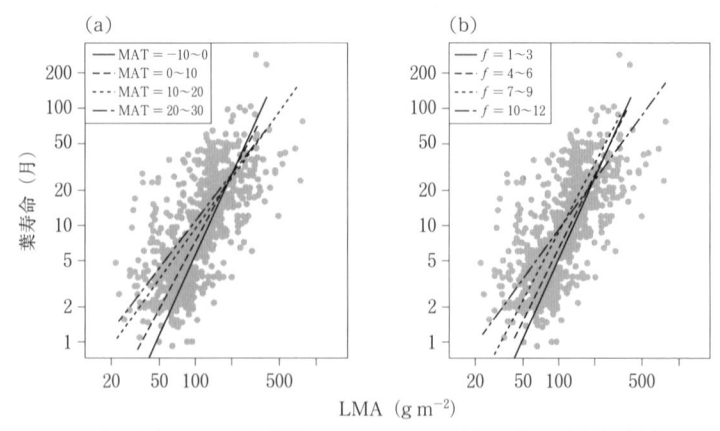

図 5.10 葉面積当たりの重量（横軸，LMA：g m^{-2}，対数目盛）と葉寿命（縦軸，月，
対数目盛）の関係の，年平均気温（MAT，℃）（左図）および好適期間の長
さ（f，月）（右図）による変調

（a）実線（平均気温：−10〜0℃，勾配：2.27），破線（平均気温：0〜10℃，勾配：
1.91），点線（平均気温：10〜20℃，勾配：1.40），一点破線（平均気温：20〜30℃，勾
配：1.31）（Wright *et al.*, 2005）．（b）実線（f：1〜3 カ月，勾配：2.29），破線（f：
4〜6 カ月，勾配：2.06），点線（f：7〜9 カ月，勾配：1.95），一点破線（f：10〜12 カ
月，勾配：1.39）（Kikuzawa *et al.*, 2013a）．

説明したのと同じである（5.1 式）．式のパラメーター a, b, C, r を
与える．f を変えて，与えられた f のもとで g を計算する．プラス
になればパラメーター a, b, C, r をもった「種」はその環境（f）で
生存できる．最大の g を与えるような t がその種の葉寿命である．
1 年より大きければ常緑性，短ければ落葉性である．パラメーター
の値を少し変えて計算を繰り返す．常緑性・落葉性のそれぞれが，
ある f の場でどのような葉寿命をもつかの見通しが得られたとこ
ろで私のオーストラリア滞在期間が切れた．後は小野田君がやって
くれた．

　まず，イアンたちが示した葉寿命と平均気温との変調した関係
が，f との関係でも同じように見られることを示す．これはイアン

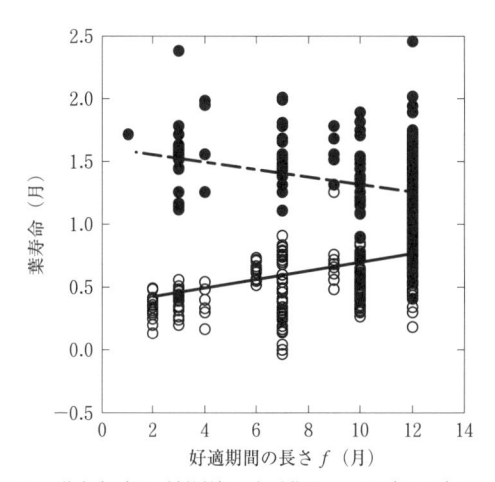

図 5.11　葉寿命（月，対数値）と好適期間の長さ（f，月）の関係
落葉性（白丸）と常緑性（黒丸）で傾きの方向が異なる．Wright *et al.*（2004）のデータベースより作成（Kikuzawa *et al.*, 2013a）．落葉性，$y = 0.0337x + 0.36 (R^2 = 0.260)$．常緑性，$y = -0.0298x + 1.61 (R^2 = 0.0693)$．

たちのデータベースを用いて難なく示すことができた（図 5.11）．落葉性の種の葉寿命は f が長いほど長いが，常緑性の葉寿命は f が短いほど長いのである．次に，このような関係を (5.1) 式を使ったシミュレーションで再現できることを示す（図 5.12）．さらにこのような関係が成立するのはなぜなのかを考察する必要があるだろう．このようなパターンを作り出している主要な要因が f であることは問うまでもないことに思われた．それは工藤さんによる観察が気温はほぼ同じで，f だけが異なる自然の実験系でなされているからであった．好適期間の長さ（f）が短くなると，1 年の中の光合成できる期間は短くなり，当然植物の光合成生産は低くなる．低い生産性でコストを払い戻すためには，葉を長くつけておき，長時間稼ぐ必要がある．葉の寿命を長くしなければならないのである．常緑性植物の葉寿命が，f が短くなるにつれて長くなるのは，短い f

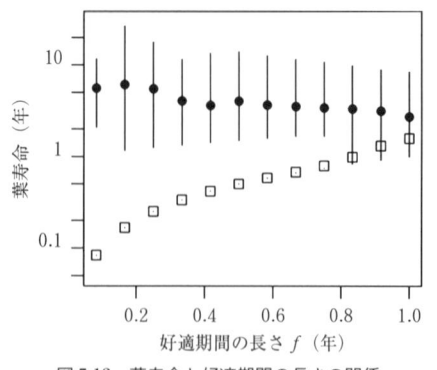

図5.12　葉寿命と好適期間の長さの関係

(5.1) 式による数値計算結果. 常緑性（黒丸）と落葉性（白四角）で傾向が異なることを (5.1) 式で再現できた (Kikuzawa *et al.*, 2013a).

を補償するように長くしているからである. 落葉性植物も同じようにしてよいはずだが, そうするとそれはもはや落葉性ではなくなってしまう. 落葉性は f が短くなっても, f の長さぎりぎりいっぱいまで葉をつけておく以外にはない. したがって葉寿命は, f の長さに相関することになる. 落葉性植物は f が短くなると光合成の効率を上げる必要がある. そうしないと短い葉寿命でプラスの稼ぎを得られない. そこで, 葉への窒素やリンの配分を大きくし, 光合成酵素を増やし, 効率を上げようとしている. たしかに, f が短いと落葉性の葉の窒素含有率が高くなる傾向が見られた.

　次に, LMA と葉寿命とのあいだに見られた正の相関関係が平均気温によって変調するという問題である. これについても, 両者の関係が f によっても変調することを現実のデータで示し（図5.10b), 次に理論式からのシミュレーションでも同じ傾向が再現できることを示し, 最後に適応論的考察を行わなければならない. イアンたちが使ったのと同じ現実のデータで計算した場合でも, 葉

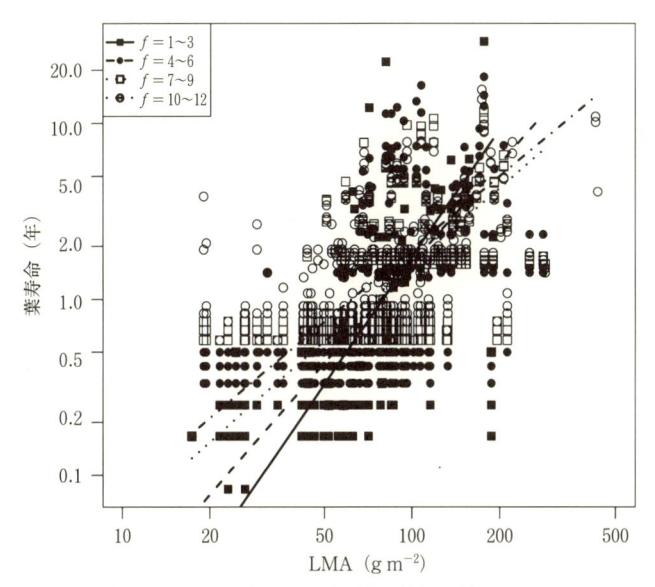

図 5.13 LMA（gm⁻²，対数目盛）と葉寿命（年，対数目盛）の関係のモデルによる再現

f が小さいほど両者の関係の勾配が急であることを示した．実線（f：1～3 カ月，勾配：2.29），破線（f：4～6 カ月，勾配：2.06），点線（f：7～9 カ月，勾配：1.95），一点破線（f：10～12 カ月，勾配：1.39）（Kikuzawa *et al*., 2013a）．

寿命-LMA 関係は f に関して変調した．f が小さいと両者の関係の勾配は急になり，大きいと緩やかになったのである（図 5.10b）．この変調はシミュレーションによって再現できた（図 5.13）．同じ LMA で葉寿命と f の関係を見てみよう．LMA が大きく葉寿命の長い部分（図 5.13 の右側）は常緑種であるが，同じ LMA では f が短いほど葉寿命が長く，f が長いほど葉寿命は短くなっている．逆に，LMA が小さく葉寿命の短い落葉種の部分（図 5.13 の左側）では，f が長いほど葉寿命が長くなっている．つまり図 5.11 で示した，「葉寿命と f との関係が常緑性と落葉性では異なる」というこ

とを異なる視点から示しているにすぎないのだった．葉寿命を固定してLMAについて考えてみる．たとえば葉食性昆虫のように，葉の生存を脅かす要因は夏のあいだ（好適期間 f）は働き，冬には働かないと考えられる．したがって常緑種では，f が長いほどLMAを大きくして葉を守ることになる．

5.4　外国人研究員

　北海道には道立の試験研究機関が30近くあったが，研究機関全体で毎年1人か2人の外国人研究者を招待しようという制度が発足するらしい．招待して数カ月間滞在してもらうことができる．研究上のディスカッションができるうえに，プレゼンテーションの練習にもなる．英文原稿も見てもらえるだろう．それならば，来年マーティン・レコビッツが国際植物科学会議で来日するのに合わせて招待しよう．本人の予定を聞いてみなければいけないが，招待できるかどうかもまだ決定ではない．他機関との競争で申請が認められなければならない．申請が通ってから本人の都合を聞いていたのでは間に合わない．同時進行で，しかも，駄目な場合はお断りすることになる．こういった微妙な交渉相手は誰でもよいというわけにはいかない．ある程度親しい間柄で，しかも試験場に来てもらって，いろいろなテーマの人たちと話し合ってもらうには興味の幅の広い人である必要がある．それにはマーティンが最適であると思えた．

　その年の夏にマーティンがやってきた．成田まで迎えに行ったが，ずいぶん沢山の荷物に驚いた．本や研究論文をどっさり持ってきたからである．私たちが見つけておいたアパートに入り，自転車に乗って通勤し始めた．研究面だけでなく，試験場での日常すべてが面白いようであった．やがてパートナーのマーシャも合流し，2人で自転車を並べて通う姿が見られるようになった．

5.5　モデルの拡張

　ある日デイビッド・アッカリーから，メールがきた．彼の
メールの内容は，私が *Plant Species Biology* 誌に書いた論文
(Kikuzawa, 1988) の図に関することであった．図 3.1 で，左下か
ら右上への直線は葉が 1 年のうちに何回つけかわるかの回転率を表
している．これに対して右下から左上方向に仮に線を引いたとした
ら，それは何を表すのか？　たとえば図 3.1 ではヤチダモを頂点と
する倒立した三角形のように点が並んでいるが，ヤチダモとケヤマ
ハンノキを結ぶ線は何を意味するのか？　これがデイビッドの問い
であった．考えてみたこともなかったので驚いた．いろんなことに
疑問をもつ人がいること，いろんな問題の立て方ができるものだと
感心したといったほうがよいかもしれない．ここに線が引けるとい
うことは，その線より左下には点がこないことを意味する．果たし
てそうだろうか？

　葉の寿命が短く，着葉期間も短い植物は存在する．カタクリ，エ
ゾエンゴサクのような早春季植物と呼ばれるものがそれである．春
早く，落葉広葉樹林の上層をなす樹木がまだ開葉しないうちに葉を
開き，花を咲かせ，上層木が葉を開いて林床が暗くなる頃には葉を
落としてしまう．葉寿命も着葉期間もともに短いから，図に描けば
左下にくるはずである．ニューヨーク州のシラキュースで知り合
い，横浜の INTECOL（国際生態学会議）にもやってきて，北海道
美唄市の私の家にもしばらく滞在していたハワード・ニューフェ
ルドが共同研究者と一緒にアメリカで調べたトチノキの 1 種はや
はり低木であり，落葉広葉樹林の林床に棲み，春先だけに葉を開く
(DePamphilis & Neufeld, 1989)．草本の早春季植物と同じである．
私が調べた植物ではナニワズがそれに近いかもしれない．春先に葉

を開き，夏に落としてしまうところは同じだ．一方で秋にも葉を開き，越冬させるところが違う．しかしこれらは皆，林床性の草本や低木である (Kikuzawa, 1984)．高木に達するものでは，着葉期間を短くしなければならない理由は見あたらない．夏にすごく乾燥すればまた別だが，北海道の夏では考えにくい．とすれば，デイビッドの指摘はそれ以上の何か深い意味があるのかもしれない．集中して議論したが，彼の指摘した線について思わしい解釈は得られなかった．その代わり，別の論文を一つ作ることができた．それは私のモデルで葉のコストに関するものであった．葉を作るコストは，葉1 g を作るのに何 g のグルコースを必要とするかという数字に，単位面積当たりの葉の重量を掛け算したものである (3.4 式)．これは単位面積の葉を作るのに，どれだけのグルコースを必要とするかを示すものである．しかし 1 枚の葉は，それを支える枝や幹，根などとつながっている．それらを作り，維持するのも結局は葉の稼ぎに依存しているのだ．とすると，その分も葉のコストとして計上すべきではないのか？　それはきっと大きい木では大きく，小さい木では小さいだろう．草だともっと小さく，水草のように浮力で葉を浮かべているものはもっと小さいに違いない．当然，(3.3) 式から予想されるように，コストが大きいほど葉寿命は長いに違いない．葉を作るコストに，葉だけでなく支持器官のコストも入れようというモデルはすぐにできた (Kikuzawa & Ackerly, 1999)．

$$t^* = \{2b(C_{\mathrm{L}} + C_{\mathrm{S}} + (1-u)k_f + uk_u)/a\}^{1/2} \qquad (5.2)$$

　ここで，a, b, C_{L} は (3.3) 式の a, b, C と同じであって，それぞれ，葉が開いたばかりのときの葉の光合成速度，潜在葉寿命，葉を作るコストを表す．C_{S} は根から枝までの葉を支持する器官を作るコスト，k はそれを維持するコストで u は不適期間を，$1-u$ は好

適期間を表している.

　デイビッドが様々な植物の葉寿命のデータを集めてきた. 水生浮葉植物のデータは土谷岳令さんが集められていた. これは 10 日からせいぜい数十日になるというのがふつうだった (Tsuchiya, 1991). 陸上の一年生植物についてはバザッツさんなど何人かが実験的な仕事をしていた (Bazzaz & Harper, 1977; Abul-Fatih & Bazzaz, 1980). これも数十日だが水生植物よりは長い. 多年生植物 (Dieamer *et al.*, 1992) は, 一年生植物よりも概して長い. そして落葉広葉樹は数十日から 200 日に達するから, 季節によって葉寿命が制約されている植物の中では葉寿命が一番長いといえる. おおむね, 上で予測した通りに並んでいるといってよいようであった. 植物体が大きいほど, 1 枚の葉を支持するのにかかるコストが大きく, 葉寿命は長くなるだろうという単純な予測は支持されたようである.

　もっとほかにも支持するデータはないか？　大きい木と子どもである稚苗の葉を比べてみたらどうだろう？　当然子どものほうが小さいから, 子どもの葉寿命は短いと予測される. 稚苗の葉寿命は清和研二さんが調べて論文をまとめていた (Seiwa & Kikuzawa, 1991). それと成木の葉寿命 (Kikuzawa, 1983) を比較してみる. どの種をとっても稚苗の葉寿命が短く, 逆になるものはなかった. どの事実も我々の説を補強してくれるようなので, これを共著の論文にまとめることにした (Kikuzawa & Ackerly, 1999).

　大きい木のほうが小さい木や草よりも茎の部分が大きいのは, 直感的に認められる事実のように思われたが, 今にして思うと緻密さを欠いているようでもある. 大きい木は当然葉の数も多い. 1 枚の葉当たりの支持器官の量を計算してやらなければならない. これは葉の量と支持器官の量とのアロメトリーの問題になり, 相関はして

も比例するとはかぎらない（8.7式参照）．幹は年々の積み重ねでど
んどん太くなっていくが，葉は落葉樹であれば毎年作りかえられる
のだから，1枚の葉当たりでも支持器官量は増えていくことに間違
いない．しかし，幹の内側に積み重なっているのは，すでに水を通
す機能を失った，心材と呼ばれる死んだ細胞なのである．では辺材
と呼ばれる生きた部分だけ取り出せばどうか？　そのときはそこま
で緻密には考えていなかった．

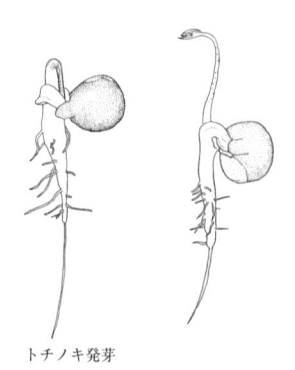

トチノキ発芽

葉を見て枝を見ず

6.1 開葉様式と葉寿命

　ケヤマハンノキやシラカンバでは，最初に何枚かの葉を開き，その後は1枚ずつ順々に葉を開いてくる．葉の寿命は短い．これに対して，ミズナラやハウチワカエデは一斉開葉であり，落葉樹だから葉寿命は1年以内だが，ケヤマハンノキなどよりは葉寿命が長い．(3.3) 式によれば，葉寿命が短いのは，光合成速度が高く，一方でその低下が速く，そして薄っぺらな葉をもつものである．こういった特徴の葉をもつ植物は，土砂崩れや倒木，山火事などで一時的にできた明るい場所にいち早く侵入し，どんどん葉を開いて枝を伸ばしてその場を占め，その場の条件が悪くなると，また新しい場を求めて，種子を散布するような方式なのだろう．一方，一斉開葉のものは，前の年に稼いだ光合成産物を使って葉を開き，林内の薄暗い条件でもある程度の収入を確保し，じっくりと稼いで伸びていく方式なのだろう．このことは前に紹介した丸山幸平さんが気付いてお

られ，順次に伸長するものを r 戦略者，一斉に伸長するものを K 戦略者と呼んでおられた（丸山，1978）．

一斉開葉では葉寿命が長く，順次開葉では短い．開葉様式と葉寿命とは関連がありそうだ．

順次開葉では，軸を伸ばし，まず1枚の葉を開く．しばらくしてから，第2の葉を開く．第1葉は第2葉の陰になり，受ける光量は減ってくる．これが自己被陰と呼ばれる現象である．第3葉が開くと，第2葉も被陰を受け，第1葉の受ける光はさらに少なくなる．実際は，第1葉が直上の第2葉に被陰される割合は小さい．自己被陰をできるだけ少なくするように，葉は互い違いについたり，軸の回りにらせん状についたりしている．すぐに自己被陰が発生するわけではないが，最初に開いた葉は，後から開いた葉にいずれ被陰を受けることは確かだ．順次開葉をする樹木の葉の周囲の光環境は，このように時間とともに変わってくる．とすると，順次開葉する葉は変化する光環境に合った光合成の特質をもっているだろう．明るいところでは高い光合成を達成するが，暗くなると光合成量は低下する．出現してすぐの光合成速度は高いが，時間とともに低下する．葉の寿命は短く，葉を長持ちさせるための装備は少ない．順次開葉は短い時間でも十分な光を利用することのできるシステム，つまり時間的に自己被陰を避ける方式だといえるだろう．

このように明るい場を好む樹種は，明るい場では高く暗い場では低い光合成特性をもつ．それはまた，短い葉寿命と順次開葉ともつながっている．

逆に一斉開葉ではどうだろうか．一斉開葉では自己被陰を避ける方式は発達していないのだろうか．考えながら，いつもの観察路を歩いていた．

見慣れた樹木を見る．シラカンバがある．その隣にはミズナラや

エゾヤマザクラが見られる．シラカンバとミズナラでは樹形がまるで違うではないか．シラカンバはほっそりとしているのにミズナラはずんぐりしているように見える．二次林の林冠を構成している高さ 15 m を超える木でも，高さ 2 m 程度の若木でも傾向は同じだ．林冠を構成している木では，シラカンバが少し背が高く，抜きん出ているように見える．

6.2　枝の角度と樹形

　どうやら頂端部の枝の角度が違うようなのである．シラカンバでは枝がまっすぐ上に伸びているのに対して，ミズナラではある一定の角度をもって斜めに伸びている．開葉様式と関連があるのだろうか？　ケヤマハンノキでも先端部の枝はまっすぐに伸びている．順次開葉では枝がまっすぐ伸びているといえるのではないか．逆に一斉開葉では枝が傾くのではないか．一斉開葉のエゾヤマザクラでも枝は傾いているように見える．

　驚いた．驚きの 1 つ目は，今まで毎日のようにこれら樹木を見ていたのに，枝の角度や樹形の違いに，そしてそれらと開葉様式と関係があることに気付いていなかったことである．葉を見て，木を見ていなかったのではないか．私の阿呆さ加減を棚に上げていうのも何だが，そもそも物事に気付くということが何らかの仮説をもって見ないと見えてこないのだなあということに気付いたのが驚きの 2 つ目であった．とはいえ，私の阿呆さ加減も相当なものだった．しかし，どうやらこれは私一人が気付かなかったことではなく，まだ誰も気付いていないことかもしれない．

　もう少しほかの樹種も観察して先端部の枝の角度を測定する必要がある．そしてそれが開葉様式と関連するかどうかを見なければならない．さらには明るさを測定することによって，枝の角度の違い

が自己被陰にどれだけ影響するかを見ることも必要だ．そして，開葉様式と枝角度の違いを理屈づけることである．北海道立林業試験場の若い同僚であり朝ゼミ（Box 2）仲間でもあった小山浩正さん（Box 3），梅木清さんの2人に手伝ってもらって，手の届く範囲の木の先端部の枝角度を測って回った．まっすぐに伸びる樹種としてはシラカンバ，ケヤマハンノキ，エゾノバッコヤナギ，カツラ，ホオノキなどがあった．中間型に分類されるものもあるが，順次的に伸びる時間が長いものである．枝を傾けるものにはシナノキ，ハルニレ，エゾヤマザクラなどがあった．これらはほぼ一斉に伸びるものといえた．フィールドが近く，計画を立てればすぐに実行できるのが，地方の試験場のよいところである．

Box 2　朝ゼミ

　林業試験場では毎週月曜日，朝7時過ぎから9時前までの時間，朝ゼミと称してセミナーをやっていた．毎回1名ないし2名が発表する．内容は何でもよくて，今現在取り組んでいる課題についての話が多かった．参加人数は多いときでも10名くらいで，多くはなかったが，北海道の，とくに冬の朝は薄暗く，また寒くて，自家用車が氷雪に閉ざされていることも多かった．そんな中を参加する人たちだから，活気にあふれていた．寺澤和彦君と小山浩正君によると，「それは私たち若手にとって，時に血が騒ぎ，時に泣きたくなるほど怖い修行の場だった」と表現している（寺澤・小山，2008）．

Box 3　小山浩正のこと

　小山浩正君は「ヒトの心に生き続けられるか」という文章を残していて，人の死には2つあり，1つは個体の死であり，もう1つはその人を知っている人がすべて死に絶えたときで，その人の記憶がこの世

からすべて消え去ったときであるといっている．続けて，そこへゆくと木材は，家具，器具，木造建築などとして，実に長い第2の生を全うできると彼はいう．新聞のコラム欄に書いた短い文章であるが，読者をうまく本題に導入し，主張すべきことを述べている．そして最後は「たとえ一人でもいい，誰かの記憶に深く生き続ける，そんな生き方でありたい」と結んでいる．研究者の場合，それは長く引用される論文，読み継がれる著書を残すこと，あるいは，記憶に残る講義，講演などをなすことであろうか．彼は文章もうまく，講演もうまかった．過去形で書くのは，2016年3月，彼は亡くなってしまったからである．この文章を自らの死を予感して書いたものかどうか，今となってはわからない．

　小山君は北海道立林業試験場では私の若い同僚であり，この本との関連ではシュートの角度を，これまた若い同僚であった梅木清君と一緒に測って回ったところで登場する．朝ゼミ，繁殖生態学セミナーの同人であり，そのほかに，高田壮則さんが世話係のトレンディセミナーとか，佐藤利幸さんたちが始めた進化植物生態学の年1回の合宿にも参加していた．数え上げるとずいぶん多くの勉強機会があったものと感心する．

　トレンディセミナーでは，小山君が種子サイズの問題について発表した．大きい種子は親からたくさんの養分をもらい受けているのだから，当然成長の上では小種子よりも有利である．しかし小種子は表面積がその重量に比べて相対的に大きいから，吸水上は有利ではないか．また，小さい種子は数が多い上に遠くへ飛べるではないか．だが遠くへ飛べばよいとも限らないだろう．よい場所もあれば悪い場所もあるに違いない．多くの論文をレビューし，先行研究の多くが，大きいほど競争上有利であり，また，遠くへ飛べばよい場所がある，と考えていることがわかった．後者の問題は梅木君を中心に理論的に，前者の問題は小山君を中心に実験的に進めることにした．

　この問題は，生きた植物の種子を使っていたのでは明確なことはいえないだろう．模型種子のようなもので実験する必要がある．これ

が朝ゼミの結論だった．そこで小山君と私は，紙バルプを使って大・中・小3種類の模型種子を作った．土壌表面も，土粒子を粗・中・密の3種類に分けて作り出した．それぞれの土壌表面に3種類の「種子」を置いて，吸水を測定するのである．実際は「種子」の重さを一定時間間隔で測定し，重さの増えた分を給水量とするのである．

9種類の組み合わせに，それぞれ数個の「種子」があるから，実験を始めると仕事は忙しく，昼食休憩をとる暇もない．梅木君と滝谷美香さんがおにぎりを差し入れてくれた．結果はそれほど新規なことも出なかったが，頭で考えたことをそのままうまく「結果」として出すことができた (Kikuzawa & Koyama, 1999)．

その後，小山君は山形大学に迎えられ，若くして教授となり，目を見張るような大活躍をする．とくに学問成果を市民に開放することに意を用いたようで，新聞などに多数の短文を掲載し，それを文集にまとめ，講演会を行い，市民を森林に誘うなど活躍は多岐にわたったようである．その際には，彼の文章の才能，講義の前の準備，講演のうまさは役に立ったはずだ．とくに講演は「プレゼンテーションの理論」（山形大学のホームページ）に「準備」「工夫」「訓練」と体系化されていて，現代の若者には大いに役立つはずだ．いやそれ以前に，文章がよく準備され，工夫されていて，流れるようなリズムがあり，つい読まされてしまうのだ．「流れるよう」といえば，彼の英語の講演はまさに音楽を聴くような心地よさがあったことも思い出す．しかしそれらは私の記憶の中に美化されたその断片が響くだけで，もはや現実に聞くことはできない．

膵臓癌を告知され，「医師の見立ては芳しくありません」という彼からのメールをもらってから，訃報が届くまでは10日もなかったのではないか．慰めは最後まで元気で仕事を続け，周囲の人々を照らし続け，愛されていたことであり，ある意味現代人の理想の生き方であったことである．それにしても早すぎるじゃないか．

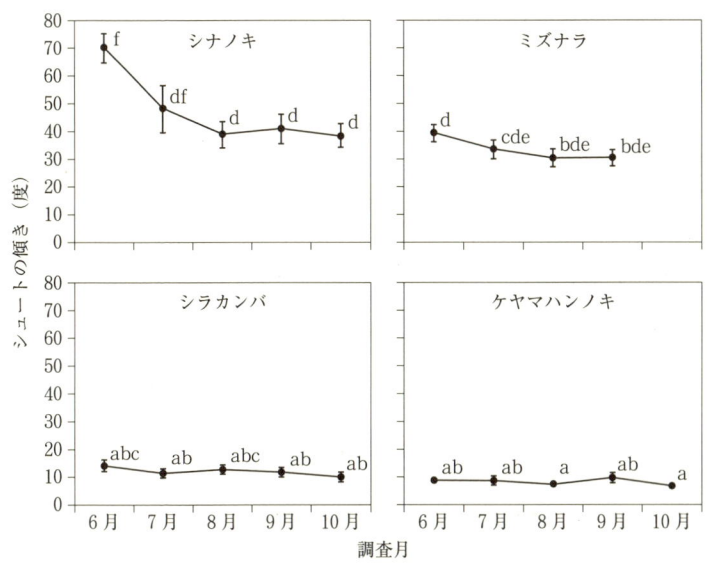

図 6.1　若木の先端枝の垂直線との角度

横軸：調査月，縦軸：枝角度（度），縦線：標準偏差．シラカンバとケヤマハンノキでははほぼ垂直に立っていて季節的に変化しないが，シナノキとミズナラでは角度が大きい．両種とも時間の経過とともに，立ち上がってくる（角度が小さくなる）傾向がある．図中アルファベットの同じ文字は，測定月間で有意差のないことを表している（5% 水準）．

　一斉開葉型の樹種としてはシナノキとミズナラの 2 種，順次開葉型としてはシラカンバとケヤマハンノキの 2 種を選び出した．先端の枝の鉛直線とのあいだの角度を測ってみると，シラカンバとケヤマハンノキでは測定季節に関係なく 10° 以下である．つまり，いつもほぼまっすぐに立っていることがわかる（図 6.1）．これに対し，一斉型 2 種では垂直とは明らかに異なる角度をもち，しかもシナノキでは当初水平に近く傾いていたものが季節とともに立ち上がってきている様子が見られる（図 6.1）．ほかの一斉型の樹種，エゾヤマザクラ，ハルニレなどでも先端の枝が傾くという同じような傾

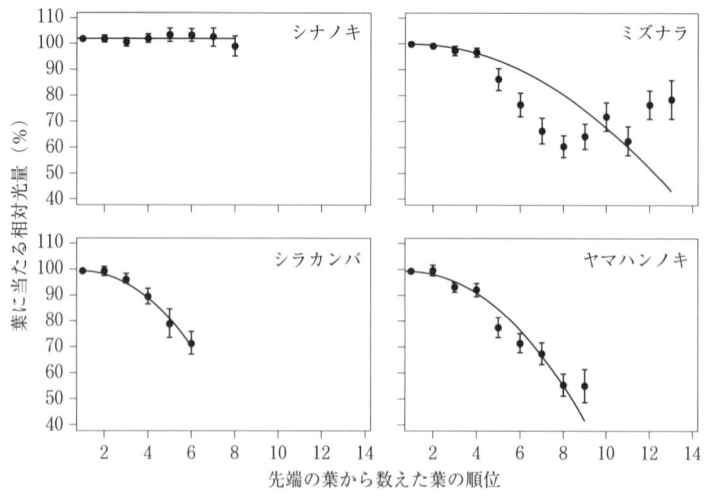

図6.2　各葉に当たる光の量（先端を100とした相対値で表す）
縦線：標準偏差.

向が見られた．開葉型と先端枝の傾きとの関連は強いように思われ
た．

　先端の枝での各葉に当たる光を測ってみると，シナノキではどの
葉にもほぼ同じ量の光が当たっていることがわかる．ミズナラでも
同じ傾向が見えるが，葉によるふれが大きいようだ．シラカンバと
ケヤマハンノキでは，葉の位置が下になるほど光量は少なくなる
（図6.2）．

　シナノキやミズナラのように一斉に葉を開くと，下のほうの葉は
上の葉から被陰を受ける．枝を傾けて，この自己被陰を避けている
のである．枝を傾けることによって，その枝のどの葉にも100％と
いえぬまでも，ほぼ同じ程度に光が当たるようになる．それでは順
次開葉の場合はどうか？　上の葉は下の葉に陰を与えるのではな
いか．前述したように，まっすぐに伸びるのだから，そして光は上

のほうからくるのだから，被陰されるのである．しかし，上の葉が
出現するまでには時間的なずれがある．陰になるまでのあいだは，
100％の光が与えられる．つまりこの開葉様式では，自己被陰を時
間をずらすことによって避けているのだ．

　一番先端の枝の角度は2番目の枝の角度に影響する，ということ
で，全体の樹形も違うのだ．シラカンバの若木は先端が尖っている
が，ミズナラはこんもりとした樹形を示す．いろんな形質間のつな
がりが見えてきた．

6.3　樹木の採餌戦略

　植物が葉を開き落とすのは光合成によって炭素を獲得するため
であるから，動物にたとえれば餌を採ること，採餌である．どのよ
うに葉を開き，餌を採り，葉を落とすのか．これは採餌戦略である
といってよいだろう．順次開葉するものは葉を順次開くことで自己
被陰の影響を少なくし，高い光合成能力を発揮して稼ぐが，稼げな
くなれば葉を早く捨ててしまう．順次に開くことでまっすぐに木を
伸ばし，高い位置に早く到達しようとする．光がよく当たるところ
（餌が豊富なところ）での採餌戦略といえるのではないか．枝がま
っすぐに伸びれば樹形も先の尖った形になるだろう．一方，枝を傾
けて自己被陰を避け，すべての葉が高くはないが同じような光合成
を比較的長く続けるのは，餌がそれほど豊富でないところでの採餌
戦略なのだろう．このように採餌戦略として見れば，開葉様式，葉
の寿命，光合成能力，枝の傾きそして樹形までがお互いに関連して
いる．簡明に理解できた，と私には思われた（Box 4）．これらすべ
ての形質が葉のフェノロジー（植物季節学）を中心にして理解でき
る（Kikuzawa, 1995）．

　その頃私は，北海道立林業試験場から京都大学生態学研究セン

ターへ移動することになった．試験場では「役に立つ研究を」とい
うプレッシャーはありながらも，比較的自由に研究に専念すること
ができた．新しい職場は研究所であるから研究に専念できたが，研
究がしたければ自分で研究費を稼いでくることが義務化されてい
た．

Box 4　一斉開葉と自己被陰

　一斉開葉と順次開葉の二分法による類型化は単純すぎるようで，ハ
リギリやトチノキなど頂芽の大きいものは一斉開葉しやすいが，ま
っすぐ上に伸びる傾向がある．当初我々は頂芽タイプ（頂芽が側芽よ
り際立って大きい）が一斉開葉を規定する形態的要因だと考えていた
（斎藤・菊沢，1976）．しかしその逆（一斉開葉であれば頂芽が大きい）
は必ずしも正しくない．ブナやサワシバのように側芽もそれほど小さ
くないものも一斉開葉する．

　ではなぜ頂芽の大きいものは一斉開葉し，まっすぐ伸びるのに，自
己被陰を避けることができるのか．彼らの側芽が開かないため，結果
として葉間の間隔が大きくなり，それによって自己被陰を避けている
と考えられる．

⑦

オオバヤシャブシ

7.1 　林園での研究

　私が京都大学に赴任した当時，京都大学生態学研究センターは独自の建物がなく，前身の大津臨湖実験所と京都大学植物園内にある植物生態学研究施設の建物に分散していた．どちらも古く，狭い建物で，新しく全員が集まって研究できる施設の建設が待たれていた．いつ建築できるかの目途は立っていなかったが，予定地だけは決まっていた．そこは私が借りている宿舎から徒歩で行けるようなところにあった．

　建物の建設の目途は立っていなかったが，設計や地割りは進められていて，建物のほかに，周囲には研究のための林園が作られることになった．そこに樹木の苗木を植えようという計画がもち上がった．植えたブナが大きくなる前に，周辺から種子が飛んできたのだろう，オオバヤシャブシが何本も生えてきた．オオバヤシャブシは私が長年慣れ親しんできたケヤマハンノキと同じハンノキ属に属す

図7.1　オオバヤシャブシ（左）とブナ（右）の稚樹の樹形

図7.2　オオバヤシャブシ
先端のシュートは直立して伸び続けている.

る木であり，新しく作られた更地のようなところにはいち早く進入
してきて，根に窒素固定の共生菌を共生させて，更地に不足してい
る窒素を獲得してぐんぐん伸びるのだろう（図7.1左）.
　ブナ植栽地の周辺に入ってきたオオバヤシャブシとブナとを比較
してみよう．伸び方の違う2つの典型として面白いと思った．見て
いると，オオバヤシャブシは頂端のシュートがまっすぐに伸長して

図7.3　ブナ
先端のシュートは傾いている（15年生のブナ）.

いる（図7.1，図7.2）．ブナの新しいシュートが大きく曲がっている（図7.1，図7.3）のとは大きな違いである．ブナは明らかに一斉開葉だが，オオバヤシャブシは順次開葉のようである．

7.2　順次開葉と一斉開葉

　オオバヤシャブシはその先端のシュートの形から予測したように，葉を順に開いてくるようであった．最初の葉は4月中旬に開き，それ以後1週間〜10日の間隔で，10月下旬まで新しい葉が開き続けた．先端のシュートでは20〜30枚の葉がこのようにして開き，シュートの長さも50 cmを超えた．落葉も早く，最初に開いた葉は7月の上旬から中旬には落ち始めた（図7.4）．葉の寿命は短くて50日くらいから100日程度までだった（図7.5）．光合成速度は高く，同じ場所に植栽したブナの2倍程度はあった．しかし，光合成速度は時間とともに急速に低下する．光強度を少しずつ変えて，

82

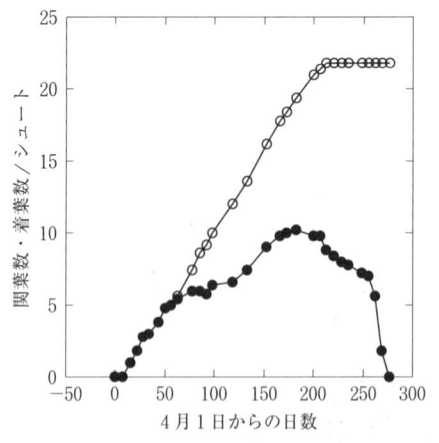

図7.4　オオバヤシャブシ葉数の変化

1本のシュートにつく葉の数の変化を表す．白丸：積算開葉数，黒丸：着葉数．着葉数すなわち，現在シュートについている葉の数は最大10枚にも達しないが，開葉数は20枚を超える．

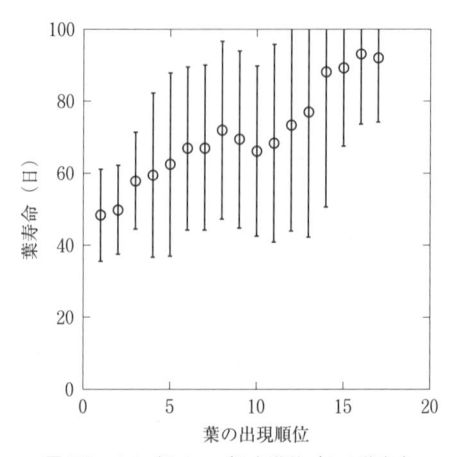

図7.5　オオバヤシャブシ各葉位ごとの葉寿命

シュート基部の葉では40日程度であるが，シュート中間の葉では80日を超える．全体の葉寿命は65日程度である．白丸：平均値，縦線：標準偏差．

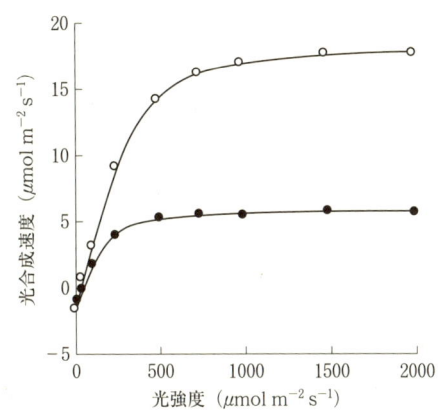

図 7.6　ブナ（黒丸）とオオバヤシャブシ（白丸）の光–光合成関係

光–光合成関係を調べてみると，強い光で光合成速度が高くなるが弱い光は十分利用できないという，強光利用型であるということがわかる（図 7.6）．葉は順々に開き，古くなったものから順に落ちていく．シュートは自己被陰を恐れずにまっすぐに伸び，自己被陰を受け始めるや，落葉するのだ．これは前に紹介したケヤマハンノキなどと同じく順次開葉型の典型であり，理想的なモデル植物であった．

　これに対して一斉型のモデル植物はブナである（図 7.1 右，図 7.3）．春に一斉に開き，その後新しく開く葉はない（図 1.8，図 1.9），そしてどのシュートも，垂直には伸びず大きく傾いている．光合成速度はオオバヤシャブシに比べれば低い（図 7.6）．その代わり，同じ程度の光合成が長く続くという予想であったが，その目算は外れた．夏になると著しく低下したからである．本来の分布域から外れた場所に植栽されたためか，夏の暑さに耐えられず，光合成速度が落ちてしまったらしい．光–光合成曲線は，弱い光をうまく利用することができるが，比較的弱い光で飽和してしまうという弱

光利用型を示した.「失敗」もあったが,一斉開葉型と順次開葉型を比較するという当初の目的は何とか達成できそうであった.

ブナは春に一斉開葉し,シュートを傾けて自己被陰を避け,多くの葉にまんべんなく光が当たるようにしている.最初に作った葉を秋までつけかえることなくもち続ける.弱い光をうまく利用して光合成ができるようになっている.こういう特質は,ブナの若木が森林内で比較的光が不足する環境において,弱い光をうまく利用しながら,自分の出番がくるのを待っているのによく合った性質であるということができるだろう.これに対しオオバヤシャブシは,葉を順々に開き,強い光を利用して光合成を行い,葉が古くなり光合成速度が低下するとその葉を捨てる.まっすぐ上に伸びることによって高く大きく育つ.明るい開けた場所にいち早く進入してくるこの植物によく合った特性であるということができるだろう.ただし木本の場合,側枝は頂枝によって被陰されるから,シュートの傾きによってシュート内の葉による被陰を回避できるという議論は一番先端のシュートでのみ成り立つと思われる.

最も単純でわかりやすいのは,地面から芽が出てきて,地上にはシュートを1本伸ばすだけの草本植物だろう.彼らでこそ,シュートを傾けたりまっすぐ伸ばしたりことによる自己被陰の回避が,個体のパフォーマンスに関与するという議論が成り立つのではないか.そこでそういった例として,北海道時代に調べた,オオアマドコロとオオイタドリを加えることにした.オオアマドコロは5月上旬に芽を出し,シュートを伸ばしながら葉を開き,すべての葉を5月中に開いてしまう(図7.7a).シュートは弓なりに大きく傾いていて,平均角度は40°を超える(図7.8a).オオイタドリでは5〜8月頃まで葉を順次的に開き(図7.7b),シュートを伸ばす.シュート角度は平均15°程度であり,大きくても40°を超えない(図

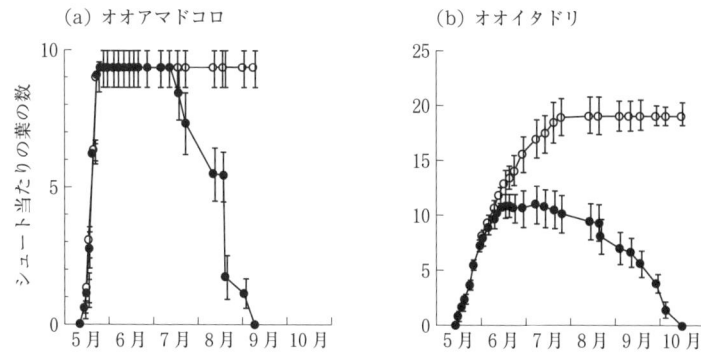

図7.7　(a) オオアマドコロと(b) オオイタドリのシュート当たり葉の数の変化（1993年，平均値と標準偏差を示す）

○：開葉数（積算）シュート$^{-1}$，黒丸：現存葉数 シュート$^{-1}$．縦線：標準偏差．オオアマドコロは5月に葉を開き，すべての葉は5月中に開葉を終わる．8月には葉の劣化が始まり，9月までに老化してしまう．(b) オオイタドリは5～8月まで，ほぼ順々に葉を開く．6月頃から下部の葉より落ち始め，9月にはほとんどの葉が脱落する．

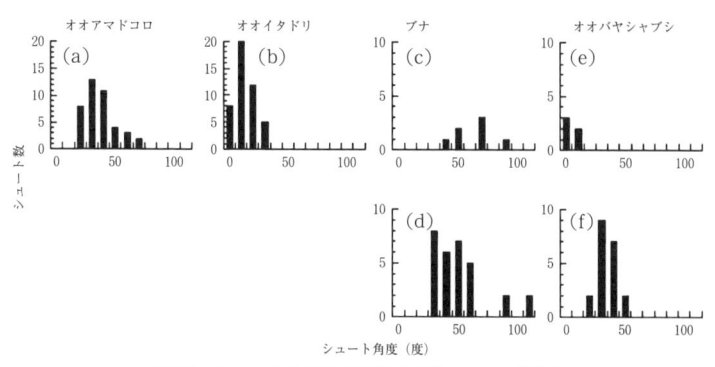

図7.8　シュート角度の頻度分布 (Kikuzawa, 2003)

(a) オオアマドコロ，(b) オオイタドリ，(c) ブナ 頂枝，(d) ブナ 側枝，(e) オオバヤシャブシ 頂枝，(f) オオバヤシャブシ 側枝．

7.8b)．7月になると先端部付近で枝分かれして花をつけ，角度は大きくなる．

　ブナとオオバヤシャブシの木本2種のシュート角度については，

個体の一番先端のシュート（頂枝；図7.8c, e）とそのほかのシュート（側枝；図7.8d, f）に分けて測定した．樹木のように枝が沢山ある植物において，一番上の枝が自己被陰を避けるために傾いていれば次の枝も傾かざるを得ないだろう．頂枝の傾きは全体の樹形にも影響し，横に広がったこんもりとした樹形になるに違いない．逆に一番上の枝がまっすぐ上に伸びたからといって，次の枝はまっすぐ上に伸びるというわけにはいかないだろう．しかし，上の枝がまっすぐなら次の枝も大きく傾ける必要はないと思われる．ということで，やはり頂枝の傾きは全体に影響し，樹冠は尖った形になるだろう．ブナの頂枝の角度は大きく傾いていて，40〜90°まであった（図7.8c）．側枝の角度も大きく水平のものや，中には垂れ下がっているものまであった（図7.8d）．頂枝と側枝で角度の平均値に違いは認められなかった．

　オオバヤシャブシの頂枝はほぼ垂直上方に伸びていた．角度は小さく20°以下である．（図7.8e）．側枝の角度は頂枝よりは大きく，30〜40°のものが多かった．（図7.8f）．側枝の角度はブナの側枝よりも小さかった．枝の各葉への光の当たり方は，一斉開葉型のオオアマドコロ（図7.9a）とブナ（図7.9b）では各葉にほぼまんべんなく光が当たり，それを反映してどの葉の光合成速度もほぼ等しいという傾向があった（図7.10a, b）．これに対して，オオイタドリやオオバヤシャブシでは先端部やそれに近い位置の葉によく光が当たり（図7.9c, d），光合成速度も高い（図7.10c, d）という傾向がある．

　順次開葉でまっすぐ伸びるか，一斉開葉でシュートを傾けるか，草本か木本かで4つの組み合わせがある．それぞれの例を示すことができた．これらを植物季節的，形態的適応と呼んで論文にまとめた．フェノロジー（植物季節学），つまり葉をいつどのように開き

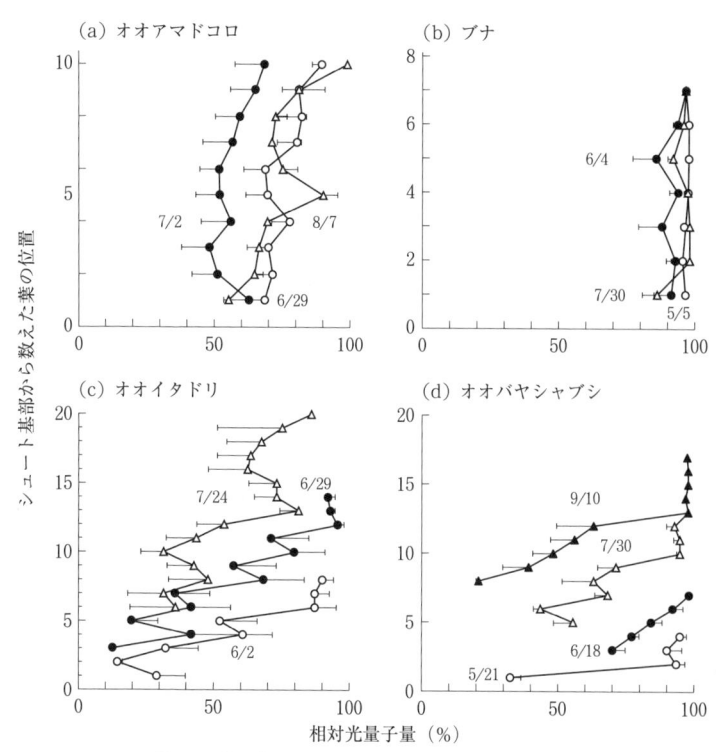

図7.9　葉に当たる光の量の分布 (Kikuzawa, 2003)

(a) オオアマドコロ，(b) ブナ，(c) オオイタドリ，(d) オオバヤシャブシ．一斉開葉型のオオアマドコロとブナではどの葉にも同じ程度の光が当たっている．順次開葉型のオオイタドリとオオバヤシャブシではつねに，頂端部とその付近の数枚の葉に光がよく当たり，シュート基部の葉には光が当たりにくい．横軸：相対光量子量（先端の葉の値を100(%)としたもの），縦軸：シュート基部から数えた葉の位置．横線：標準偏差．異なるマークは測定時の違いを示している．

落とすのか，といった事象がシュートの傾き，樹形にまで関連し，また光合成速度やその低下，そして光と光合成速度の関係などにも関連するというのはおそらく新しい分野であり，論文は比較的すんなりと発表できた (Kikuzawa, 2003)．単著で書く英文論文として

88

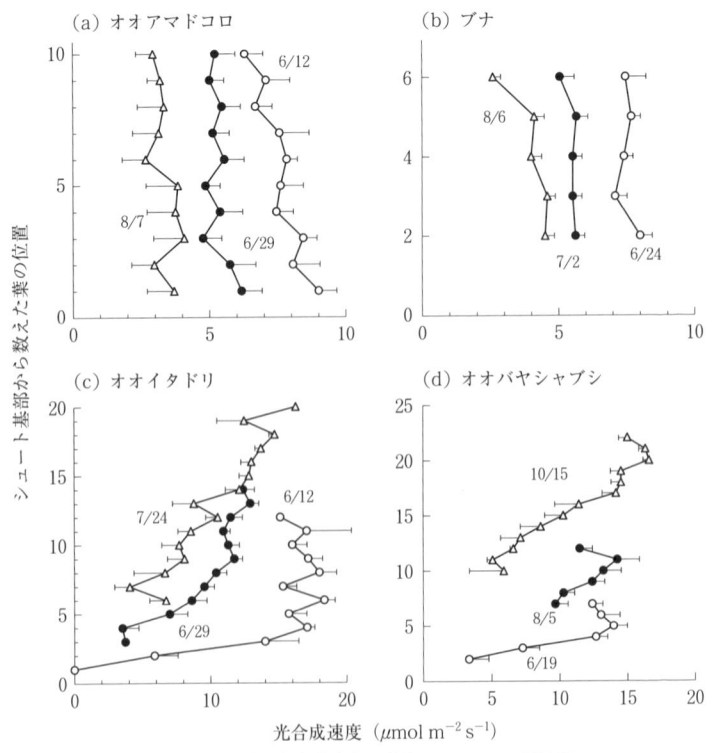

図7.10　各葉の光合成速度の分布 (Kikuzawa, 2003)

(a) オオアマドコロ，(b) ブナ，(c) オオイタドリ，(d) オオバヤシャブシ．一斉開葉
型のオオアマドコロとブナではどの葉の光合成速度もあまり違わず，時間とともに全
体として低下してくる．順次開葉型のオオイタドリとオオバヤシャブシではつねに，
頂端部とその付近の数枚の葉の光合成速度が高く，シュート基部の葉の光合成速度は
低い．横軸：光合成速度，縦軸：シュート基部から数えた葉の位置．横線：標準偏差．
異なるマークは測定時の違いを示している．

は最後のものになりそうである．傾いている個体を強制的に直立さ
せると，自己被陰が生じて生長が悪くなるだろうか．逆に直立して
いる個体を傾けたらどうか．こういった疑問にすぐに答えるのはコ

図7.11　ブナの純林

ンピューター上で再現するのが早い．シミュレーションでは予期した答えが得られている（Umeki *et al.*, 2010）．

　ブナは横に枝を張り出し，弱い光を利用する．これは林内などの環境に適している．もしブナという種がオオカメノキのような林内低木であれば，これはよく理解できる話だ．しかしブナという植物は落葉広葉樹林帯の主要樹種であり，高さ 20 m を超す堂々たる木になる．ブナ林といわれるような純林を作ることもある（図7.11）．そのようなブナの幹はもちろんまっすぐであり，立派な材木がとれる．傾いたシュートから，どうしてこのような堂々たる幹が出来上がるのか，一つの謎である．一斉開葉型の樹木シュートが季節的に変化することは確かなようで，その様子の一端は，ブナではないけれども図6.1 に示されている．またブナについては，私が京都大学を定年退職して以後勤務した石川県立大学の卒業研究で，4 年生の本坊美保子さんが，春先にはしなっていたシュートが季節の進行にともなってまっすぐ立ち上がってくる様子を記録してくれた．

7.3　まっすぐ伸びるシュート

　一方，オオバヤシャブシは，シュートをまっすぐ上方に伸ばし，ぐんぐんと伸びる．この調子でいけば，楽に 20 m を超える大木になりそうだ．ところが付近の山野に見られる木はせいぜい 8 m くらいのものばかりである．文献を見ても，大木になったり森林の主要木になるとは書いていない．見ていると，若いときから花をつけ種子を生産し，それ以上大きい木になるのは止めてしまうようなのだ．でもどうしてそうなのだろう．若いときの威勢から見れば，ブナのような位置を占めても不思議ではないのに，何か不都合なことがあるのだろうか．

　オオバヤシャブシは，新しい葉をシュート先端につける．新しい葉は光合成能力が高く，強い光を受けて光合成を行い，光合成産物を使ってシュートがぐんと伸びる．葉が古くなると能力も落ちるが，それとともに自分より上部に，より新しい葉が開くので被陰を受け，光条件も悪くなる．そうなったらその葉を落としてしまう．実に合理的な方法で，樹冠を外側にぐんぐん拡張していくのであるが，樹冠の内部の葉は落ちてしまうから，樹冠内が空洞化する．樹冠内が空洞化すると，葉をつけるのは樹冠の表面だけになり，オオバヤシャブシ個体にとっては効率が悪くなるのではないか．とくに，樹冠が大きくなると，樹冠表面に到達するまでには，葉のついていない枝を長く伸ばさなければならず，これは効率の悪いことに違いない．

7.4　樹冠の空洞化

　ひょっとするとこれが，オオバヤシャブシにとっての「不都合」ではないか．大きくなるにつれて，樹冠がますます空洞化し，樹木

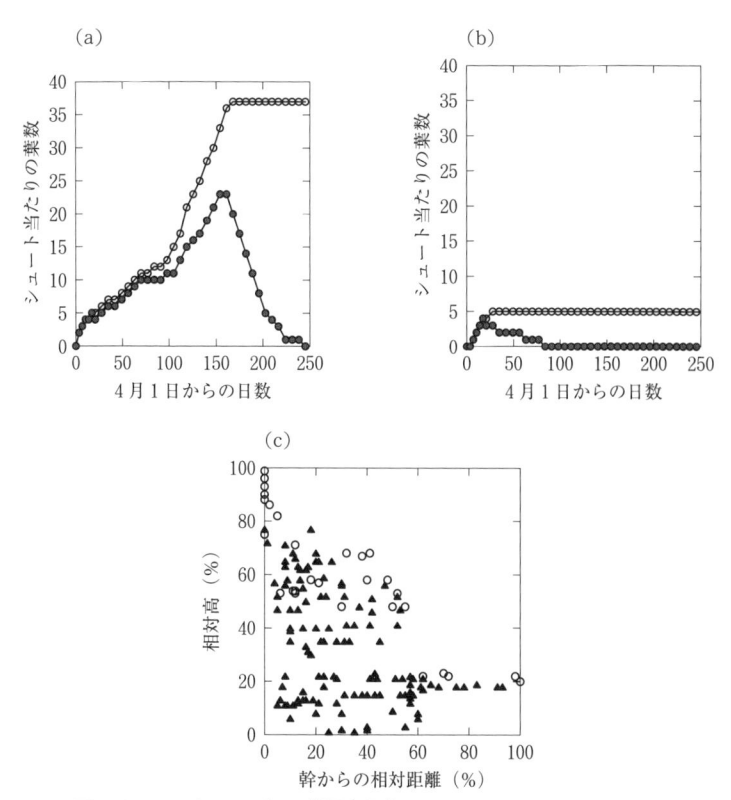

図7.12　オオバヤシャブシの樹冠空洞化 (Shirakawa & Kikuzawa, 2009)
(a) 先端や周辺部のシュートは8月まで伸び続け新しい葉を開く（白丸：積算開葉数，黒丸：現存葉数）．(b) 樹冠内部のシュートは6月までに新しい葉の展開を停止し，8月にはすべての葉を落とす．葉がすべて脱落すると，残されたシュート軸も脱落してしまう（白丸：積算開葉数，黒丸：現存葉数）．(c) 樹冠内部のシュートの多くは脱落する（黒三角）．樹冠表面のシュートは残ることが多い（白丸）(Shirakawa & Kikuzawa, 2009)．この結果オオバヤシャブシでは樹冠が空洞化する（図7.1左参照）．

個体全体としては，光合成部分（葉）よりも非光合成部分（とくに枝）が増え，効率が悪くなるのではなかろうか．これを樹冠の空洞化仮説と名付けた．

　まず，私たちの調べた個体で，樹冠の空洞化がどのように生じているかを，きっちりと記録しなければならない．そのためには，今までやってきたように葉の数を記録するだけでなく，それが樹冠内のどこにあるかを記録しておく必要がある．この仕事は，私が京都大学の農学研究科を兼務するようになってからの学生である白川浩之さんが卒業論文と修士論文の仕事としてやってくれた．欠点のないのが欠点といえるほど何でもよくできる学生であった．白川さんは，幹からの距離と地面からの高さを測定することで，シュートと葉の位置を記録した．

　先端のシュートは4月中旬から10月下旬まで新しい葉を開き続ける（図7.12a）と述べたけれども，すべてのシュートがそんなに長く伸び続けるわけではない．樹冠内部に位置するシュートでは，6月半ばにはシュートの伸びが止まり，新しい葉は出現しなくなる．そういうシュートでは，すべての葉が9〜10月頃にはなくなり，シュートは丸坊主になる．（図7.12b）こういうシュートでは翌年のための芽をつけず，やがてシュートごとなくなってしまう．シュートが脱落するのである．シュート脱落はやはり樹冠内部で多く，外側では少なくなっている（図7.12c）．樹冠内部では葉が脱落し，空洞化するのだが，葉のつかないシュートも脱落し，空洞化が促進される．翌年の芽もつかないために翌年空洞が埋められることはなく，空洞化はさらに進む．若いオオバヤシャブシについて，葉とシュートの脱落の様子は白川さんが記録し，Crown hollowingと名付けて論文を書いてくれた（Shirakawa & Kikuzawa, 2009）．木が大きくなるにともなって，空洞化がどのように進むのか，興味のあるところだ．

　ほかの樹木だって樹冠部の空洞化は起こりうるし，それぞれにとって不都合な問題であるに違いない．では，ほかの樹種ではこれを

どのように避けているのだろうか．樹冠内部は周辺部に比べて暗くなる．しかし，まれにちらちらと光が漏れてくることがある．わずかな光を利用するために葉を配備しておくかどうかは，コストによって異なる．葉にかかるコストは当然必要だが，それを下げることはできる．面積は広げるが，中身は少ない薄い葉をつける．わずかな光を利用するにはそれで十分なのだろう．陰葉というやつである．これに対して，明るい場につく葉は陽葉と呼んでいて，葉が厚く，単位面積当たりの重量は重い．オオバヤシャブシは陰葉と陽葉の分化がはっきりしていないらしい．

　葉を支えるコストにも違いがある．長いシュート軸を伸ばし，そこに葉をつけるのは，シュートを作るのにもそれを維持するのにもコストがかかる．いちばんよいのはまったく枝を伸ばさないことだが，葉は新しく伸ばした枝（シュート）につくから，まったく枝を伸ばさないというわけにはいかない．そこで，葉柄がつく幅だけ，わずかに枝を伸ばすという方式が発達した．これを短枝と呼んでいる．これに対し，ふつうに伸びる枝のことを長枝と呼ぶ．固着性で動けない植物にとっては，長枝ができるだけ遠くに葉を展開し，新しい空間を獲得しようとするものであるのに対し，短枝は，いったん獲得した空間を効率よく確保しようとするものであるといわれている．長枝と短枝の分化は落葉広葉樹ではよく発達していて，ミズメ，シラカンバなどのカンバ類，カツラ，ドロノキ，カエデ類などでも見られる．オオバヤシャブシには，短枝を作るという性質も発達していないようである．

7.5　短枝葉と長枝葉

　短枝はただ枝が短い（つまり葉を支持するコストが小さい）だけでなく，長枝とは葉の性質も異なるのではないか．農学研究科で最

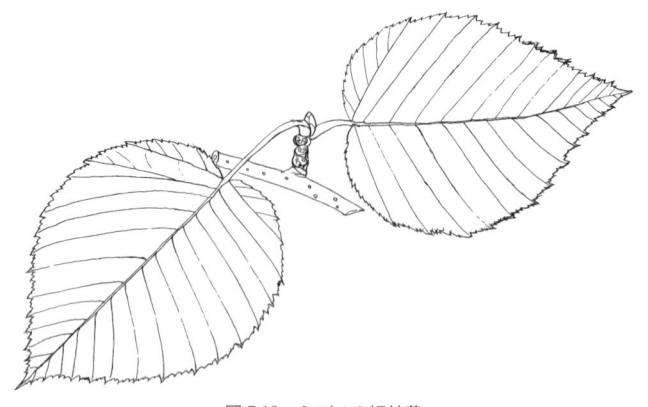

図 7.13　ミズメの短枝葉

初に受け持った学生である宮沢良行君は，ミズメの葉（図 7.13）の光合成特性などを調べてくれた．短枝の葉は春先に 2 枚開いて，夏の終わり頃までついている．短枝ではこの 2 枚しか葉をつけないから，いわば一斉開葉のようになる．長枝でも最初に開く葉は 2 枚である．しばらくこの 2 枚がついているだけであるが，やがてシュートが伸び始め，葉が順々に開いてくる．つまりミズメやシラカンバでは，短枝および長枝基部につく一斉開葉する 2 枚の葉（春葉）と，順次開葉する長枝の葉（夏葉）とが混在しているのである．この 2 種類の葉で比べると，葉寿命は短枝や最初に開く長枝基部の第 1，2 葉（春葉）で長く 160〜180 日であり，長枝の第 3 葉以降（夏葉）では短い（110〜130 日）という傾向がある．光合成能力は，5，6 月に先に開いた春葉のほうが，夏葉よりも高い．それ以降は後から出てきた夏葉が，順に高い光合成能力を示す（図 7.14; Miyazawa & Kikuzawa, 2004）．夏葉は光合成能力は高いが，葉寿命は短く，長持ちしない．順々に出てきてよい場所を占め，その場が悪くなると落ちてしまう．春葉は，いち早く開いて春先の光を独

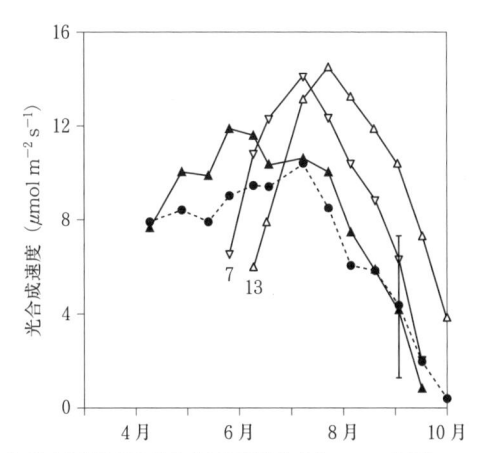

図 7.14　ミズメの葉位別の光合成の時間変化 (Miyazawa & Kikuzawa, 2004)
短枝葉（黒丸）および長枝基部の春葉（黒三角）を示す．白三角につけた数字は長枝
の基部から 7 枚目と 13 枚目の夏葉であることを示す．

り占めして働き，後から出てくる夏葉の準備をする．それとともに
葉を長持ちさせ，夏葉の使い残したわずかな光をも利用しようとし
ているのだろう．

　短枝と長枝を分化させない樹木でも，短枝的な枝と長枝的な枝と
があるようだ．シュートについている葉の面積とシュートの長さの
比がそのシュートの効率を表している．シュートの長さを横軸にと
り，そのシュートにつくすべての葉の面積を縦軸にとると，この両
者の関係の傾きが，単位シュート長当たりの葉面積，つまりシュー
トの効率を表すことになる．竹中明夫さんは，常緑広葉樹について
このようなダイアグラムを提示されていた (Takenaka, 1997)．八
木貴信さんは様々な落葉広葉樹についてこのダイアグラムを描き，
種によってバリエーションがあることを示された（図 7.15）(Yagi
& Kikuzawa, 1999)．ミズメの短枝では，葉の面積-シュート長関
係の勾配はきわめて急であって，ほとんど垂直な線に近い．これに

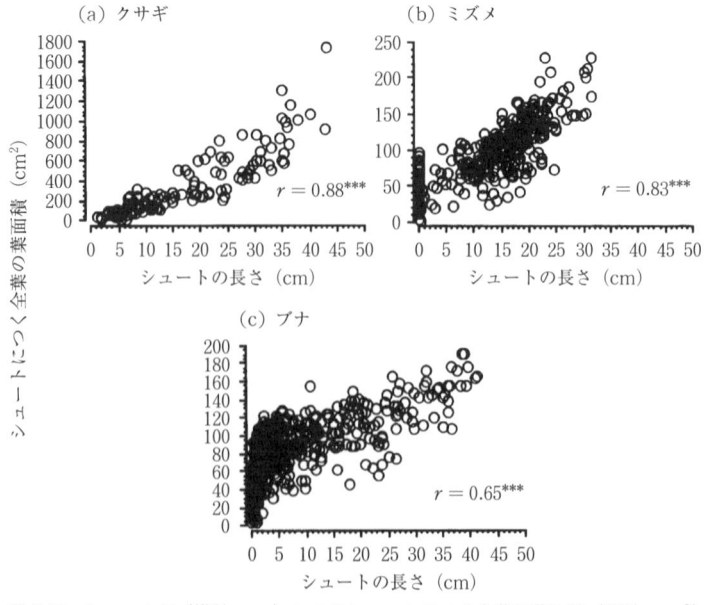

図 7.15 シュート長（横軸, cm）とそのシュートにつく全葉の葉面積（縦軸, cm²）の関係（Yagi & Kikuzawa, 1999 の図の一部を示す）

（a）クサギ：葉面積はシュート長にほぼ比例している．（b）ミズメ：短枝と長枝の分化が見られる（y 軸にへばりついている点の集まりが短枝である）．（c）ブナ：両者の中間的であり，短枝的なシュートと長枝的なシュートのあることを示している．* は有意水準を示す（*** : 0.1%）.

対して長枝では勾配が緩やかになる．長枝と短枝を分化させていない種であっても，これに似た勾配の変化がある．ブナやミズナラではミズメほどではないが，急な勾配の短いシュートの部分と緩やかな勾配の長いシュートの部分とに分かれている．このように，明瞭な短枝には分化していなくても，その長さに比べて葉面積の大きい短枝的なシュートを使って，樹冠の空洞化を防いでいるのではないかと思われた．短枝的なシュートを作らない種もあるようだ．クサギでは短いシュートではそれなりに葉面積が小さく，長いシュート

では大きい．どの長さのシュートでも，その長さに比例した面積の葉がついているようである．多分この種では樹冠の空洞化に対応できるような仕掛けを発達させていないのだろう．オオバヤシャブシもこのタイプなのだろうと思われた．

常緑樹は何年分もの葉をもっているから，樹冠内部の空洞化が起こりにくいかもしれない．木の枝が下から上へ，内から外へ伸びていくことを考えると，古い葉は内側につき，それを残すことはそのまま空洞化を防ぐことになるだろう．常緑広葉樹のサカキでは，葉は5年ほどつき，5年前に伸びた枝の葉が落ちてしまう頃に（つまり空洞化が始まる頃に），そこに新しい芽が開き始めることが鈴木新さんによって記載されている (Suzuki, 2002).

エゾヤマザクラ

陸域生態系

8.1　東アジアにおける種数分布

　田舎の試験場にいたのではあまりよくわからなかったが，20 世紀の終わり頃から地球温暖化の問題に取り組もうとする国際的枠組みができつつあった．地球圏‒生物圏国際協同研究計画 (IGBP) であった．これはずいぶん大きな枠組みで，陸域生態系，水域生態系，人間の土地利用など多くの下部の枠組みに分かれていた．陸域生態系はまた，数多くのプロジェクトを公募しており，日本からは東北大学の広瀬忠樹さんが応募されたモンスーンアジア陸域生態系に及ぼす地球変化のインパクト (TEMA：Global Change and Terrestrial Ecosystem of Monsoon Asia) というプロジェクトが採択された．採択されたといっても，中央に何か大きなファンドがあって，応募者はその配分にあずかるというわけではなく，研究費は提唱者が各々調達しなければならない．そのプロジェクトへの参加を広瀬さんから要請された．

　その頃発表された大沢雅彦さんの論文は，東アジアの植生を緯度と高度方向に分析したものであった（Ohsawa, 1990）．山地を登っていくとやがて木がまばらになり，森林が成立しない高度となる．これより上では木がまばらに生え，人の背丈より低い植物だけが成立するようになる．このように森林が成立しなくなる高さを森林限界と呼ぶが，熱帯山地では森林限界にある森林を構成している樹木は常緑広葉樹林なのである．一方，温帯の山地で森林限界付近の森林を構成している樹木は常緑針葉樹林である（落葉広葉樹が混じる場合もある）．森林限界が常緑広葉樹林から常緑針葉樹林へと代わるのは北緯 20° のあたりである．森林の分布を決めているのは気温と降水量であるが，降水量が不足しない東アジアでは，気温が決めていると考えてよい．森林が成立するためには月平均気温と 5℃ との差を年間で積算した値（暖かさの指数）が年に 15℃ くらいはなければならない．同時に冬の寒さも分布の制限になっている．冬が寒いと常緑広葉樹林は寒さに耐えることはできない．熱帯山地は季節変化が少ないため，山を登るにつれ，全体に気温は低下するが，とくに冬に寒いということはない．そもそも，冬とか夏といった明確な季節はないのだ．したがって，森林限界は生育期の暖かさの指数が制限となって決まっている．また温帯山地では，夏は暖かくても冬は著しく寒い．このようなところでは寒さに強い常緑針葉樹が森林限界に成立する．このような興味をそそるパターンを中心的課題にしながら，地球環境変化にともなって，東アジア地域で森林がどのように変化していくかを探ろうとするのであった．ただし実際のところは，現状の把握もおぼつかない状態であり，現状が把握できなければ，将来の変化どころではないのである．

　巌佐庸さんは，その頃から温暖化と並んで重要な地球環境問題であるとされてきていた生物多様性に興味をもっておられた（Iwasa *et al.*, 1993). 彼が重要と考えたのは，温度そのものではなくて，生育期間の長さであった．森林においては，樹木が更新できるのは林冠木が枯死し，林冠にギャップができたときだけである．ギャップは熱帯でも温帯でも，1年中同じ確率でできるかもしれない．しかし，そこを新しい樹木が進入してきて埋めるのは，生育期間中でないと無理だろう．そうすると温帯のほうが時間が短く，競争が激しくなり，少数の有力な種だけが勝ち残ることになって，必然的に種数が少なくなる (Iwasa *et al.*, 1993)．生育期間，すなわち好適期間の長さが重要だろうと私も見当をつけていたので，このモデルには納得できた．しかし，温帯の山地では山に上がるにともなって平均気温が減少し，生育期間も短くなるが，熱帯の山地ではそうはならない．そこでは山に上がると平均気温は低下するのに，生育期間は短くならないのだ．しかし，実際の種数は熱帯の山地に上がると少なくなる．生育期間だけでは説明できないではないか．

　TEMA のプロジェクトにかかわる限りは，東アジア全域について，とくに高度・緯度の両方向への展開について，大沢さんが示しているような図を示す必要があると考えた．東アジアグリーンベルトに沿って何カ所かの地点をとり，月平均気温の分布から好適期間の長さ (f) を計算する．高度による変化を見るために，高度にともなって一定の比率で気温が低下するとして f を計算した．(5.2) 式の計算と同じパラメーターを用いて，時間当たりの稼ぎを最大化するような時間を求め，これを最適葉寿命とした．これを用いて (5.1) 式の計算と同じように，常緑性と落葉性の比率が緯度によって，また高度によってどう異なるかを求めた．ある f では稼ぎがプラスにならないケースはここでは生育できないものとして除いた．ある f で生育できる組み合わせの数を，その地点に生育する種の数であると考えてみる．それは種の多様性が緯度・高度にともなっ

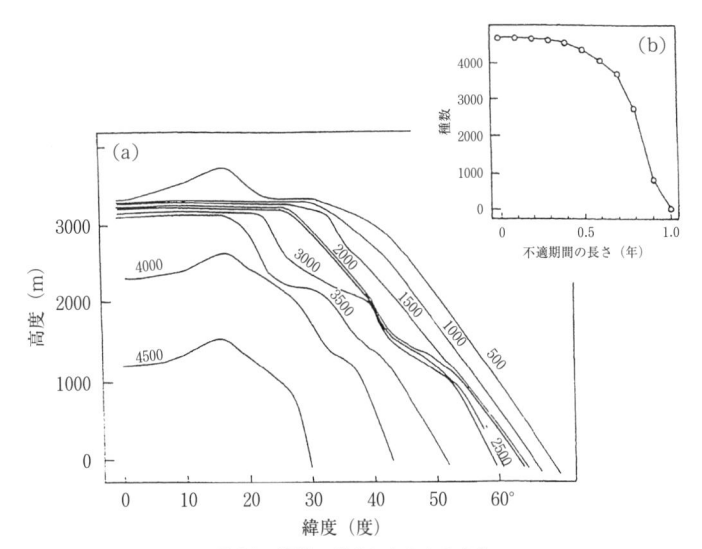

図8.1 種数の緯度にともなう変化

図中の数字は種数を示している．挿し込み図(b)は熱帯での不適期間の長さにともなう変化 (Kikuzawa, 1996).

てどのように変化するかを示すことになる．

　常緑性・落葉性の頻度分布は，前に書いた論文の図を高度と緯度というふうに展開したにすぎないから，とくに新味はない．しかし，種数の分布は少し面白い結果であるといえそうであった．熱帯低地で種の数は多く，熱帯高地へ，あるいは高緯度へと上がるにつれて種数は減少していく（図8.1）．巖佐論文の問題点は克服できたようである（Kikuzawa, 1996）．グラフの形は，何となく大沢さんの図と似ているようであった．同じように温度条件を使っているから同じになるのは当たり前なのか，種数でこのような傾向が出るのは面白いのか，私には判断できなかった．

　大沢さんによると，熱帯山地と温帯山地の大きな違いは熱帯山地には落葉広葉樹林がないこと，亜高山帯の森林限界付近の樹種構

成が異なり，温帯ではモミ，トウヒ属の針葉樹林であることなどらしい (Ohsawa *et al.*, 1985)．私には，これらの違いをもたらしているのは，季節性への適応であるように思われた．熱帯低地でも標高1200 m程度，緯度20°のあたりまでは，年中温暖であり，種数も同じ程度ありそうである（図8.1）．最近の研究でも，この程度の高さまでは種数は変わらないという例が報告されている (Zhang, 2016)．標高が上がると生活できない種が増えてくるので，種数は下がるが，気温が全体として下がるだけで季節変化が少ないために落葉性は生じない．緯度が上がると季節が現れるために落葉性が発達する．標高が上がると冬が長くなり，冬の寒さに耐えることが重要な特質となって針葉樹林が森林限界を形作る．

8.2 葉寿命と群落光合成

　IGBPのプロジェクトとの関係では，葉の数の調査だけではどうにもならず，光合成速度を測定し，樹木全体として，あるいは森林としてどれだけの二酸化炭素を吸収しているのかを見積もらなければならなかった．これまでもそのような理論は作られていた．最も古く，しかも優れたものにはMonsi-Saeki(MS)モデルがあった．これは東京大学の門司正三教授と佐伯敏郎教授が作られたもので，群落の中では光が葉により吸収されて減衰してゆくこと，それにともないその場の光合成速度が減少してゆくことをモデルに組み込んだものだった．MSモデルによると群落の光合成をいくつかのパラメーターから求めることができる．群落光合成は葉が増えれば増えていくが，葉が多いほどよいというわけではなく，適度のところがあり，それ以上増えるとかえって減少してしまう．これは葉が増えすぎると光が足りなくなり，光合成速度がマイナスになる，すなわち光合成より呼吸が大きくなることによるからだ，と説明される．

つまり群落の葉の量には最適値があることを予測していた.

　群落の中の葉を1枚取り出して, この葉の1日の光合成量を考えてみる. 一番簡単なのは, 瞬間光合成速度が1日中続くと考えてみることである. 1秒間の値に60 (秒) を掛け, さらに60 (分) を掛け, そしてまた24 (時間) を掛ける. しかし実際はこんな光合成量が達成できるわけがない. 1日のうち半分程度は夜であり, 光が当たらない. 朝夕は太陽高度が低く, 光の当たり方は弱い. 曇りや雨の日もあろう. また上の葉によって被陰を受けることもある. さらにその頃, 植物の光合成速度は光がよく当たっている日中に低下するという, 植物の昼寝現象も報告されていた. これらもろもろを考慮すると, 葉は1日にどれだけ働いていることになるのか? これを葉の平均労働時間 (m) と定義する. もしこれがわかると, 瞬間最大値にこの値を掛ければ葉の日光合成がわかるし, ひいては群落光合成も推定できそうである.

　光条件の日変化を考慮した日光合成の推定は, Monsi-Saeki (1953) 以来, すでになされていた. しかし, 日中低下までを考慮に入れて日光合成を推定しようとする試みは少なかったから, 自分で測定してみる必要がありそうだった.

　それには何枚かの葉を選んで, 夜明けから日暮れまで, それらを継続して測定する必要があった. 材料はオオバヤシャブシとブナとして何枚かの葉を選ぶと, 1枚につき5分程度はかかるから, 30分あるいは1時間おきに測定する場合, ほとんど休みなしに測定を続けなければならない. それでいろんな人たちに手伝ってもらうことになる. 夏の暑い日, 早朝から日暮れまでの繰り返し測定を行った. これを何回も繰り返す必要があるが, 実際のところは2回で終わりとなった.

　データを整理してみると, たしかに日中低下を検出できている

104

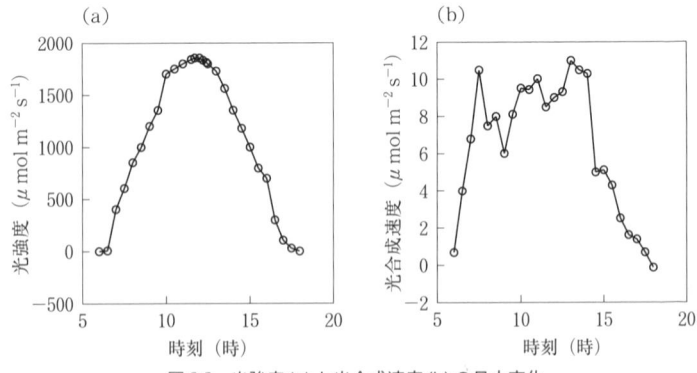

図 8.2　光強度 (a) と光合成速度 (b) の日内変化

光強度は夜明けとともに増加し，正午頃にピークに達しそれ以降は減少する．光合成速度は，午前中は光強度の増加にともなって増加するが，午前のある時点でピークに達し，それ以降は低い値で推移する．午後遅くからは，光強度の低下にともなって低下する．

（図 8.2）．早朝から午前中は，光強度の増加にともなって光合成速度は増加している．しかし昼に近づくと，光強度は高いのに光合成速度は伸びなくなる．光合成速度の時間変化は，気孔コンダクタンスというパラメーターの時間変化に似てくる．気孔は葉の裏面にある二酸化炭素を吸収するための小さな孔であるが，同時に水蒸気がそこから失われることになる．それで植物は，日中の乾燥する時間帯には，気孔をあまり開かず，二酸化炭素の吸収よりも水の消失を防ぐことを優先するようになるというわけだ．これが日中低下，あるいは昼寝現象と呼ばれるものの実体であるらしい．

8.3　平均労働時間

　平均労働時間は，太陽光度の日変化，被陰の効果，日中低下によって規制される．1 日の労働時間を 100% とする．まず太陽高度の日変化だ．たとえ快晴の日であっても，1 日の半分は夜であり，朝

夕は太陽高度が低いからこれらを考慮すると，1日中太陽が真上に
ある状態の半分以下の光合成量になる．これを日中効果と呼ぶこと
にした．これは50％以下，45％程度の光合成量になるわけだ．実
際は快晴の日ばかりが続くわけではない．曇りの日や雨の日もあ
る．晴れの日でも雲がかかったりもする．ただし曇りの日でも光合
成は行うから，曇天効果は1日中太陽が真上にある状態の80％程
度への低下と見積もられる．次は被陰の効果だ．何個かの葉の横に
光センサーを設置して，光量を連続測定し，これを空き地に置いた
センサーと比較する．平均すると，被陰の結果光合成量は空き地の
85％くらいになる．光の当たり方はもっと少ないのだけれど，葉
は暗くても光合成をするからこの程度に収まるらしい．つまり実際
の葉はほかの葉の日陰になって，平均85％くらいの光合成量にな
るのである．最後は日中低下だ．これは2回の測定のデータで計算
した．最終的に理想状態の70％程度になる．これらを全部掛け合
わせると，オオバヤシャブシの葉は1日に5時間程度しか働いてい
ないという結論が出てきた．

　最初はずいぶん短いなと思ったが，こんなものかなという気もす
るし，もっと短くてもおかしくないかという気もしてきた．私たち
の仕事時間は1日8時間労働制などとなっているが，8時間のあい
だ，ずっと緊張して仕事をしているわけではない．お茶を飲んだり
おしゃべりをしたり．それも仕事のうちであり，同僚と打ち合わせ
をしているなどといえなくもないが，休んでいると見なされても仕
方ない．ここでは，最大光合成速度で稼働しているのを基準にとる
から，厳しく査定されるだろう．とすると5時間も全力で働くのは
相当なことだ．ひょっとすると3時間程度かもしれない．自分の身
に引き比べて妙に納得できた．

　ほかの植物についても調べたいが，数多くある植物について，早

朝から日没まで測り続けるということはできない．そこで (3.3) 式を利用することを考えた．現実の葉寿命は皆，理想的な潜在葉寿命）を達成していると考える．つまり

$$t^* = L \tag{8.1}$$

である．また (3.3) 式の a は時間が 0 のときの，つまり最も盛んなときの 1 日当たりの光合成量であるから，1 秒当たりの瞬間光合成量に平均労働時間を掛けた積である．

$$a = mA(0)_{\max} \tag{8.2}$$

ただし，m は平均労働時間，$A(0)_{\max}$ は時刻 0 における 1 秒当たりの瞬間光合成量である．これらを使うと (3.3) 式から平均労働時間は

$$m = \frac{2bC}{A(0)_{\max}L^2} \tag{8.3}$$

のように表すことができる．ここに b は (3.2) 式，(3.3) 式で使ったのと同じ潜在葉寿命であり，光合成速度が 0 になる時点である．実際は，同じ葉を何回か測定し，その減り方を直線で回帰し，直線が x 軸と交わる点を求めればよい．C は (3.4) 式を使って，c と LMA の積として求める．c は文献から求めた定数としておく．$A(0)_{\max}$ は b を求めるときに使った図を用いて，時間 0 の時の光合成速度を推定して用いる．このような図が使えないときは，実測した最大の値を用いる．L は実測した葉寿命，LMA も実測値である．

　その後，様々な植物について計算してみたが，果たして，平均すると 3 時間程度ではないかという結果が得られている．

　坂上昭一先生の『ハチとフィールドと』（新思索社，2005）にミツバチの動きを追跡調査した例が紹介されている．働き者の代名

詞とされるハタラキバチも，実は何もせずに「静止」している時間が44%もある．また「歩き回っている」だけの時間が30%以上あり，この両者を合わせて75%以上になる．「花粉集め」のように働いている時間は1日のうち，6時間程度だということになる．しかもこれは，働き方の「強度」までは考慮されていない．仮に1秒間に花粉を100粒集めるのを最強度の働き方であるとして，実際は50粒しか集められなかったら，それは0.5秒しか働かなかったと見なす，というような計算をすれば，さらに時間は短くなるだろう．植物の光合成では「働き方の強度」まで考慮に入れているのだから，ハタラキバチより短くて当然のように思われる．

8.4 客員教授

　外国からの客員研究員や客員教授を呼ぶことは，大学では制度として整っていて，簡単であった．農学研究科では毎年4人の枠があった．2000年頃マーティン・レコビッツは今度のサバティカルにはオーストラリアに行くといっていたから，ついでに来るかと聞いたら，来てくれるという．北海道の試験場では初めての経験で大騒ぎをしたが，今度は京都大学の施設もあり，その係の人もおられるので，きわめて楽な事業だった．マーティンに来てもらえれば，学生の教育にもずいぶんプラスになるだろう．それに，農学研究科や生態学研究センターの優秀な学生諸君をマーティンに自慢したいという気もあった．

　花曇りが雨に変わったある日，マーシャとマーティンを京都駅で迎えた．今度も荷物が多いだろうと覚悟していたら，その少なさに驚いた．多量の文献類はいっさい必要ではなく，ノートパソコンが一つあればすべて間に合っているのだという．

　大学では毎週1回，定例でセミナーをやっていた．これは教育の

一環だから，自由というわけにはいかない．学生の単位にもなる．そのセミナーの特別版として，自己紹介セミナーを行うことにした．今までに研究した成果，これからの研究計画を含めて，12分で発表する．もちろん全員英語である．皆，英語はよくできた．ただ，それを口頭発表するということについては，慣れていない人も多かった．

生態学研究センターではほとんど毎週のように英語のセミナーがあったが，農学研究科ではそれまであまり機会はなかった．だからマーティンの来日は絶好の機会といえた．外国人留学生が来たこともあり，私はセミナーの機会を意識的に増やそうとした．私自身は英語教師ではないから，英語を教える必要はない．そもそも教えられるわけがない．生態学，森林生物学について一緒に勉強し，彼らが見つけてきた面白そうなことを一緒に面白がり，方向性を示す．そして研究発表のための機会を作ってあげればよいのだ．彼らにしても，研究発表の道具を磨くよりも，発表すべき中身の充実に力を注げばよい．伝えたいことさえあれば，黒板に図を描いてでも伝えればよいのである．

マーティンと2人で議論するという2人セミナーも始めた．週に1回1時間程度であるが，適度なペースであったようだ．今まで考えてきたことを説明しているうちに新しいアイデアが浮かんだ．まず，1年間の森林の生産量 P を考える．これは葉の量（B）と，平均瞬間光合成速度（$\overline{A_{\max}}$），そしてその持続時間の積に比例する．持続時間は1日当たりの持続時間と，1年のうちの好適な日数の積となる．前者は平均労働時間（m），後者は好適期間の長さ（f）である．式で書くと次のようになる．

$$P = (1+r)mfB\,\overline{A_{\max}} \tag{8.4}$$

ただし r は葉の呼吸（暗呼吸）である.

この式は定義の式であり必ず成り立つけれども，だからといって何か新しいことをいっているわけではない．これに葉の寿命を入れるとどうなるか？と考えた． $m\overline{A_{\max}}$ は1日の光合成量だから，これに葉の寿命を掛ければ葉の生涯の光合成量になるのではないか？これは何か面白いことになりそうだ．しかし，葉の生涯の中にも光合成に好適な日ばかりではなく，不適な日も含んでいるのではないだろうか？　たとえば，温帯の常緑樹木は冬のあいだは光合成をしていないのではないだろうか？

8.5　機能的葉寿命

冬のあいだ，落葉広葉樹は葉を落としている．なぜ葉を落としているかといえば，仮に葉をつけていても，温度に依存する化学反応である光合成を，寒い冬には十分に行えないからであろう．とすれば，常緑樹は葉をつけてはいるものの，光合成は行えないと考えるのが妥当である．私が前に作ったモデル（5.1式）でも，常緑性は冬のあいだ，維持コストが必要なだけで，稼ぎはないことになっている．そうだとすれば，「葉の寿命」といっても，機能面からいえば冬のあいだは光合成という機能を果たしていないのだから，「生涯のあいだにどれだけ働いたか」を考慮するときには差し引いてやらねばならない．

葉寿命から冬など不適期間の長さを差し引いた日数を，機能的葉寿命 (functional leaf longevity) と名付けることにした．この言葉は私たちが初めて使うものだと思いこんでいた（菊沢，2005）が，同じ頃に functional leaf lifespan という語を，北海道大学の工藤岳さんが使っておられることに，ずっと後になって気付いた．したがってこの用語の先取権は工藤さんにある．

機能的葉寿命を L_f と書き表すことにすると，$L_f m \overline{A_{\max}}$ は葉の生涯光合成（開いてから落ちるまでの一生涯のあいだに葉がどれだけ光合成をしたか）を表すことになる．

では本当に，植物は冬のあいだ光合成をしていないのだろうか？

8.6 冬の光合成

実は冬でもお天気のよい暖かい日には光合成をするのだ，という報告も昔からあった．林床の常緑性植物にとって冬は，上層木が落葉し，光の条件は好適な季節である．ただし，温度の低いときに光をむやみに吸収すると，光合成は化学反応であり，温度の低いときは活発でないので，エネルギーがうまく使えず，余ってくる．余ったエネルギーは葉を傷つけるのに使われてしまう．京都大学生態学研究センターの藤田昇さんの話では，冬のあいだは光合成を行っていないものもあれば，プラスの光合成が測定される場合もあるということであった．私が機能的葉寿命ということを考え始めたのと同じ頃，宮沢良行さんは落葉樹の下にある，ツバキ，アラカシなどの常緑樹について冬の光合成を調べ始めていた．私も，一緒に測定するために京都市の北方にある試験地に同行した．たしかに，冬のあいだは光がよく当たるので，温度さえ高ければ，光合成をしているようである．というよりも，温度は高くても，光が十分当たらない夏期間などより高い値が得られることもあった（Miyazawa & Kikuzawa, 2006）．

冬は不適期間だから働いていないものとしてこれを差し引くという私の計算とは合わないような結果である．ゼミの仲間でも，井上みずきさんのように「先生の理論とは違うことを弟子がいっているようで，弟子の反乱と受け取られかねません」と心配してくれる人もいた．私も共同研究者だから，弟子の反乱どころか，私自身の分

裂である.

　そんなことは心配するほどのことではない. 私の計算は概念のことだから, 光合成ができない期間を不適期間と定義すればよいだけである. ツバキだって, もっと気温が低ければ稼げないはずである. もっと極端な例を探せば, 冬のあいだは深い雪に埋もれているエゾユズリハ, キバナシャクナゲ, エゾノツガザクラなどは, 低温とともに暗黒条件下にあるから, 光合成はできないはずである. ただし最近のレポートに, 雪の下でも 30 cm までなら光も届き, 二酸化炭素もあるので光合成はできるという報告もある. でもそれより深い雪の下なら, 光が届かず, 光合成は難しい. したがって, 問題は不適期間の条件をきっちりと定義することにあり, 厳密に温度何℃ 以下というふうに定義しようとするとなかなか難しいが, 不可能ではない. 常緑樹が光合成をすることができない条件は必ず存在し, そのような条件の日々が何日間か継続すれば不適期間となる.

　その条件は植物によって異なるだろうが, だいたいどの植物にも適用できそうなのが, 日平均気温 5℃ 以下の日数である. もっと簡便化したものが吉良竜夫先生の考えられた暖かさ・寒さの指数で, 月平均気温 5℃ 以下の月数を不適期間とすればよい. これはかなり便宜的なもので, この中には光合成のできる暖かい日があったりもするが, それでも大まかに冬の長さを表せるとされている.

　熱帯の乾期には温帯の冬と同じようなことが起こっていて, 乾期のあいだ落葉する樹木が落葉しない常緑の樹木と混じっている. この場合の不適の条件は降水量であり, 月降水量が 50 mm 以下, あるいは 25 mm 以下などという条件が示されている.

8.7　生産量の推定式

　このように機能的葉寿命を導入すると, 葉の生涯光合成は

$(1+r)m\overline{A_{\max}}L_\mathrm{f}$ という式で表すことができる．湿潤熱帯のような，1年中光合成ができる環境であれば，機能的葉寿命は葉寿命と等しいと考えてよい．また温帯のような季節環境であっても，好適期間にだけ葉をつけている落葉樹では両者が等しくなる．

　元の式（8.4 式）に L_f（機能的葉寿命）を掛けると，葉の生涯光合成を含む式が得られる．しかしこれは元の式ではない．(8.4) 式と等しくするには，今度は L_f で割り算すればよいという単純なことに気付いた．つまり (8.4) 式に $L_\mathrm{f}/L_\mathrm{f}$ を掛ければ，元の式を崩さずに L_f を導入することができるのである．(8.4) 式は $P=(1+r)mfB\overline{A_{\max}}$ であったから，これに $L_\mathrm{f}/L_\mathrm{f}$ を掛けると

$$P=(1+r)m\overline{A_{\max}}L_\mathrm{f}fB/L_\mathrm{f} \tag{8.5}$$

が得られる．この式の $(1+r)m\overline{A_{\max}}L_\mathrm{f}$ は，葉の生涯光合成を表すのであった．では式の後半 fB/L_f は何を意味するのであろうか？

　B は植物群落の葉のバイオマス[1]であり，プールサイズを表している．単位土地面積の森林に何 g の葉が存在しているかを示しているのである．これに対し，L_f はその森林での好適期間内の葉の滞在時間である．したがってこの両者の比は，単位面積当たりの森林が単位時間当たりにどれだけの葉を生産しているか，つまりフロー（速度）を表すものである．B/L_f は１日当たり葉がどれだけ生産されているかを示す量ということになる．またこれに好適期間の長さ（f）を掛けた値は，１シーズンに葉がどれだけ生産されたかを示すのである．あるいは１シーズンの落葉量といってもよい．落葉樹林のように毎年生産された葉がすべてその年のうちに落葉する場合，

---

[1] バイオマス　生物の重量．一定の土地面積に存在する量をバイオマス（現存量）という．

生産量と落葉量が等しいことは容易に理解されよう. 実際は, 落葉する前に葉の中に含まれている化合物が分解し, 養分が植物体に引き戻されたり, 落ち葉が雨に打たれて養分が抜けてしまったりするから, 厳密にはイコールではない. それらは後で補正することを考えればよいので, とりあえずは等しいものとして進めていこう. 常緑樹林だって, 葉の量はだいたいつねに安定しているから, やはり生産量と落葉量は等しいと考えてよい. 当然, 年によって変化することもあるから, 何年かの平均をとればさらによい.

　森林の落葉量は, 落ち葉受けの容器 (リタートラップ) を林内に設置しておくだけで調べることができるから, その当時までに多くのデータが集積されていた. 横軸に葉寿命をとり, 縦軸に森林の落葉量をとる. 各森林はこの図上の 1 点として表される. その点と原点を結んだ線の傾きは B/L だから, 1 日当たりの葉生産量を示している.

　世界中の多くの森林の値をグラフに示してみた (図 8.3). 1 年中光合成のできる熱帯降雨林 (非季節林) とそれ以外の森林 (季節林), つまり 1 年のうちに不適期間のある熱帯季節林や温帯林では, グラフ上の点の位置が異なることがわかった (図 8.3a). 季節のない熱帯降雨林では点の位置がグラフ上の左上にあり, 直線の傾きは急であった. それに対して, 季節のある温帯林などでは右下方面に点が位置し, 直線の傾きは緩やかになった. 直線の傾きはそれぞれの地帯での森林の平均的な葉生産速度を示しているから, 熱帯降雨林のほうが温帯林よりも生産力が高いというごく妥当な傾向が得られたわけである.

　次に横軸を葉寿命 (L) の代わりに, 機能的葉寿命 (L_f) で表してみる (図 8.3b). 熱帯降雨林では $L = L_f$ なのだから点の位置は変わらない. 温帯林や熱帯季節林で葉寿命が 1 年より長いものについ

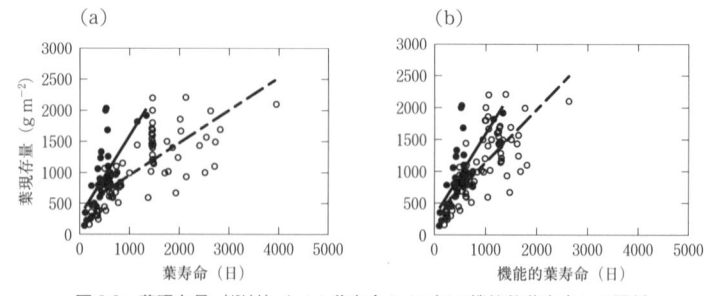

図 8.3 葉現存量（縦軸）と (a) 葉寿命および (b) 機能的葉寿命との関係

(a) 葉現存量と葉寿命の関係は季節林（白丸）と非季節林（黒丸）で大きく異なる．季節林（破線）：$y = 0.521x + 436$（$R^2 = 0.533$），非季節林（実線）：$y = 1.311x + 287$（$R^2 = 0.463$）縦軸：葉現存量（$\mathrm{g\,m^{-2}}$）横軸：葉寿命（日）．(b) 葉現存量と機能的葉寿命の関係は，季節林（白丸）と非季節林（黒丸）で，大きくは違わない．季節林（破線）：$y = 0.828x + 316$（$R^2 = 0.547$），非季節林（実線）：$y = 1.311x + 287$（$R^2 = 0.463$）．縦軸：葉現存量（$\mathrm{g\,m^{-2}}$）横軸：機能的葉寿命（日）．

ては，L_f のほうが L よりも短いから，右側にあった点が左のほうへ移動してくる．その結果，非季節林と季節林の点が重なり合い，両者はあまり変わらない（Kikuzawa & Lechowicz, 2006）．

　直線の傾きは，1 日当たりの葉の生産速度を表すのであるから，この事実は，好適期間のあいだの葉の生産速度は熱帯降雨林でも温帯林でもそれほど違わないということを意味している．考えてみれば，温帯でも夏は本当に暑い．熱帯とそんなに違わないのだ．大きく違うのは夏の長さである．主にこの違いが両者の違いを表しているといえそうだ．

8.8 森林の生産量

　結論として，森林の生産量，つまり 1 年のうちでどれだけの二酸化炭素を吸収固定したかは，葉の生涯にわたる光合成量と 1 年間の落葉量を求めればわかるということになった．これはかなり面白い発見であるように私には思われた．とくに 1 枚の葉から森林全体の

図8.4　ブナ林で測定中の小山耕平さん

生産量が簡単に求まること，それには葉の寿命が関連していること，そしてそれを求めるプロセスが四則演算だけから導出されることが私には自慢であった．

　これは2人セミナーの成果であり，早速論文に書き上げた．しかしまだ投稿するところまではいかない．かれこれしているうちに，マーティンの離日の日が近づいていた．

　(8.5) 式の実際の森林への適用は，私が京都大学を定年退職し，石川県立大学へ移ってから，小さなブナのモデル林で小山耕平君と共同で行った．石川県林業試験場の小谷二郎さんが14年前に130本のブナの苗木を1m間隔で植えておかれたものが，ちょうど手ごろな模型林分[2]になっていた．この林，小さいとはいえ樹高5mくらいになっていたから，地上からでは手が届かない．小さな足場を立てて，それを使って葉の数や光強度，光合成速度などを測定する

[2]　ひとまとまりの森林の部分を林分と呼んでいる．

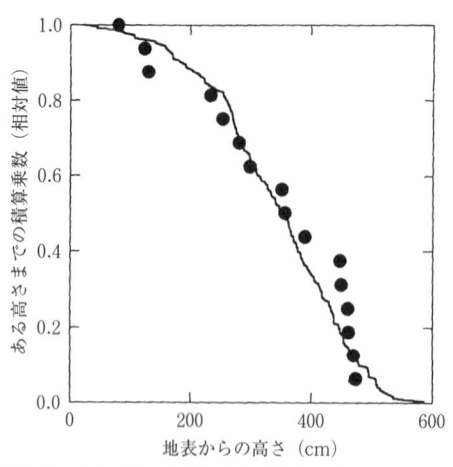

図 8.5　ブナ模型林分における葉の位置の分布（実線，高いほうからの積算値で示す）
および測定した葉の分布（黒丸）

ことにした（図 8.4）.

　光合成の測定は，機器の設定とウォーミングアップに時間がかか
るし，日中低下が始まる前には止めなければならないから，1 日に
できるのは 10〜20 枚程度である．では測定する葉をどのように選
べばよいのか．樹冠の深さ別に葉が実際にどのように分布している
かを考慮して，それに比例するようにサンプルを選ぶのがよいだ
ろう．実際のところ，調べやすい枝は足場との関係でおのずから決
まってくるので，後は直観を頼りに，最終的には 16 枚の葉を長期
的にモニタリングした．20 枚程度の葉を選んだのだが，継続的に
データをとれたのが，16 枚だったのである．ただし，論文にする
場合に，直観に頼って選びましたというのでは説得力に欠けるよう
な気もするので，現実に葉が樹冠の深さ別にどのように分布して
いるかを調べることにした．測高ポールを地面にランダムに立て，
ポールを伸ばしてゆく．ポールの先端が葉に触れたところでポール

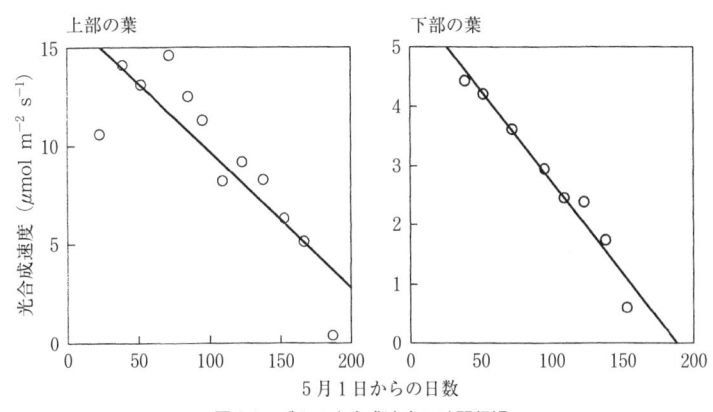

図8.6　ブナの光合成速度の時間経過

2枚の葉の例を示した．光合成速度は測定日によって変動するが，全体的には低下していく傾向にある．

を伸ばすのを止め，葉の高さを記録する．このようにして，林冠を構成する235枚の葉の位置のデータを得た．これを高いほうから順次積算して，葉の積算数のグラフを描いた．この曲線に，実際に選んだサンプルの位置を打点してみると，まずまずうまく重なっているので（図8.5），長年鍛えた直観は正しいということにする．

　16枚の葉について，1〜2週間の間隔で何回も繰り返し測定する．その際，光を当てない状態での値も測定しておく．これが (8.5) 式の r になる．光合成の値はそのときによって上がったり下がったりするが，さすがに10回程度も測定すると全体としては減少傾向が認められる（図8.6）．これを (3.2) 式の直線に当てはめて，x 軸に交わった点が b（潜在葉寿命）である．推定した b の値は，葉によって異なるが，156〜323日の範囲であり，平均値は241日となった．また (8.5) 式の $\overline{A_{\max}}$ は $A(0)$ と $A(L)$ の平均値として求められる．

$$\overline{A_{max}} = \frac{A_{max}(0) + A_{max}(L)}{2} \tag{8.6}$$

年間の落葉量は，小さなリタートラップを林床に 10 個置いて定期的に中身を回収して測定した．1 m² 当たり炭素換算で 160 g あまりがその推定値である．これら推定値を (8.5) 式に代入すると年間の炭素固定量が推定できて，1200 g C m⁻² yr⁻¹（ただし C は炭素を示す）と推定された（Koyama & Kikuzawa, 2010）．

吉良竜夫さんからは，我々の新しい手法について，同じ場所で従来からの手法と比較してみる必要があるでしょうという葉書をいただいた．従来の手法は，何本かの木を伐倒して，胸高直径と幹や枝，葉の量との関係式（アロメトリー式）を求め，標準地内の立木について胸高直径を一定期間置いて繰り返し測定するということを基本としている．このアロメトリー式を求めるのには何本かの木を伐り倒し，根まで掘り起こして重量を測定する必要があり，大変な作業となるのであるが，小谷さんは，同じ苗木を少し離れた場所に植えておられ，同じ時期に伐採してアロメトリー式を求めておられた．この式を使うと個体の成長量を求めることができる．こうして求めた樹木の成長量は，1214 g dm m⁻² yr⁻¹（ただし dm は乾物重量の略）であった．これにリター量 400 g dm m⁻² yr⁻¹ を足し合わせた量（約 1600 g）が，乾燥重量で表したこの林分の 1 年間の m² 当たりの純生産の推定値である．日本のブナ林で純生産量，総生産量を調べられたものは数例ある．新潟県の二王子岳での丸山幸平さんの報告では，純生産量が 1530 g dm m⁻² yr⁻¹，総生産量が 2750 g dm m⁻² yr⁻¹，両者の比は 0.56 となっている．同じく苗場山での調査では 1600，4000，0.40 である．只木良也さんの調査報告でも，1740，4090，0.43 などという数字が報告されている．このように，純生産の推定値は，我々の林分調査からの推定値 1600 とほぼ似た

値となることが多い．これに樹木全体の呼吸量を足し合わせると総生産量の推定値を得ることができる．しかし，実は幹や根の呼吸量を測定するのはこれまた大変な作業であり，我々の手に余る仕事である．そこで純生産と総生産の比の値を使って，大まかに推定することを考えた．比の値は 0.40，0.43，0.56 などであり，その逆数は大雑把にいって，2 程度である．つまり純生産の 2 倍程度が総生産であるといってよい．そうすると，我々の林分調査による推定値1600 の 2 倍，3200 $\mathrm{g\,dm\,m^{-2}\,yr^{-1}}$ が総生産の推定値となる．ただしこれは樹木の重量で表した量であるから，炭素量で表すには炭素含有率を掛けなければならない．もし炭素含有率がブドウ糖と同じだとすれば，この比率は 0.4 であるので，炭素で表した総生産は 1280 $\mathrm{g\,C\,m^{-2}\,yr^{-1}}$ となり (8.5) 式を用いた推定値と合致する．炭素含有率はもう少し高い可能性もあり，0.45 程度ともいわれるので，その場合は (8.5) 式を用いた推定はいくらか過小評価となるが，まずまず近い推定値を与えているといってよいだろう．日本国内のブナを主とする広葉樹林で測定された，総生産の推定値を表 8.1 にまとめた．新しい手法でも，従来の手法とほぼ同じ程度の推定値が得られていると考えている．

　伐採による森林調査（積み上げ法と呼んでいる）は森林破壊をともなう上に，根を掘り出し測定するのに大変な労力を要するのでそれほど多く行われていない．根の量が測定できない場合は幹と枝の1/4 を根として推定した (Kira & Yabuki, 1978) などとされるが信頼性は低く，この部分がボトルネックになっている．

　最近は森林上空で二酸化炭素の出入りを測って，森林の炭素吸収量（総生産量）を測定しようとする方法が用いられている（渦相関法という）．岐阜県の落葉広葉樹林で測定された例だと，GPP（総生産量）は 1146 $\mathrm{g\,C\,m^{-2}\,yr^{-1}}$（1998 年 7 月 25 日から 1999 年 7 月 24

表8.1 ブナ林の生産量推定値の比較

調査地	手法	総生産 $g\,C\,m^{-2}\,yr^{-1}$	総生産 $g\,dm\,m^{-2}\,yr^{-1}$	純生産 $g\,dm\,m^{-2}\,yr^{-1}$	引用文献
石川県	新手法	1200	—	—	Koyama & Kikuzawa (2010)
石川県	従来型伐倒法	*1440	**3200	1600	小谷（未発表データ）
新潟県	従来型伐倒法	*1240	2750	1530	Maruyama et al. (1968)
新潟県	従来型伐倒法	*1800	4000	1600	Maruyama et al. (1968)
新潟県	従来型伐倒法	*1840	4090	1740	Tadaki et al. (1969)
岐阜県	渦相関法	1146	—	—	Saigusa et al. (2002)

* C/dm を 0.45 として推定
** 純生産/総生産を 0.5 として推定

日までの1年間の量）となっていて（Saigusa et al., 2002），私たちの推定値ときわめて近い値である．実はこの調査地，私たちのところから行こうと思えば，白山という大きな山を越えなければならないし，公共交通機関を使ってぐるりと大回りすれば1日がかりの大仕事になるが，直線距離では60km程度しか離れていないごく近くにある．近い値が得られているのは，環境要因とくに気温，降水量が似ていること，好適期間の長さが同じで，1年のうち半分の期間は落葉していて光合成生産が休止していることによるのだろう．

8.9 葉群エルゴード仮説

機能的葉寿命と，それを用いた森林生産力に関する原稿は何人かに見て貰った．梅木清さんは，「この原稿は論文4つ分くらいの内容を含んでいます」と誉めてくれた．ひょっとしたら誉めたのでは

なく，長すぎるといってこられただけかもしれないが．

　機能的葉寿命，葉の生涯稼ぎ，葉の1日当たりの生産量が不変で
あること，そして森林の生産力を表す式を提示したこと，と数え上
げれば4つになる．誉められると調子に乗るから，それ以外に「葉
の平均光合成速度は時間方向に平均しても空間方向に平均しても
それほど変わらない」ということも大事な発見なんだ，と返事をし
た．梅木さんは「それは物理のエルゴード仮説みたいで面白いです
ね」といってこられた．そこで次の論文は「葉群エルゴード仮説」
という名前にしようということに決めた．

　1枚の葉の生涯稼ぎと落ち葉の量を掛け合わせれば森林の生産量
にスケールアップできる，と得意であったが，実際のところ，どの
1枚の葉を選べばよいのか？

　仮に葉が順々に開き，そしてまた順々に落ちていくとするならば
どうか．今開いたばかりの葉は，シュートの先端に位置し，十分な
光を受けている．しばらくするとその上に新しい葉が開く．すると
最初の葉は，上から2番目の位置に後退する．葉のついている位置
は変わらないが，相対的に2番目に下がるのだ．光を受ける条件も
悪くなる．次にさらに新しい葉が開くと，最初の葉は3番の位置に
下がる．つまりある葉の集団の中での位置は，時間とともに変わっ
ていくのである．最初は明るい場に開いた葉も，時間の経過ととも
に暗い場へ「移動」していくのである．どの葉もそのような経緯を
たどるとすると，集団内で1枚の葉を選び，それを追跡調査して，
その葉が脱落するまで調べるとして，どの葉を選んでも同じように
なるということができる．また，1枚の葉を追跡調査しなくても，
集団内の様々な位置から葉を選んで，それを並べたら，追跡調査し
たと同じような結果が得られるはずである．それは「時間平均」と
「空間平均」とが等しいからである．

図8.7　キクイモ群落で測定中の大音雄二さん（手前）と八木誠さん

　これを「葉群エルゴード仮説」と呼ぶことにした．この仮説によれば，シュート内の葉の相対位置が，たとえばシュートの先端にあるときは1番という位置番号をもち，時間の経過とともにそれが減少してゆき，最後，0になると脱落するというふうになるはずである．今までに調査した多くの種についてこのようなダイアグラムを作ってみた．多くの種は，生まれたときは位置が高く，時間経過とともに群落内に沈み込んでいく．葉の位置が下がり，0またはそれに近くなると脱落する．脱落を補うように新しい葉が上部に展開する．春から秋までの生育期間内だけでみると，葉の数は定常状態にあるといってもよい．ただしキクイモの群落（図8.7）では，葉の数は定常状態にはならず，時間とともにどんどん増えていった（図8.8）．

　また，相対位置が下がるとともに，葉は群落の下部に下がってき

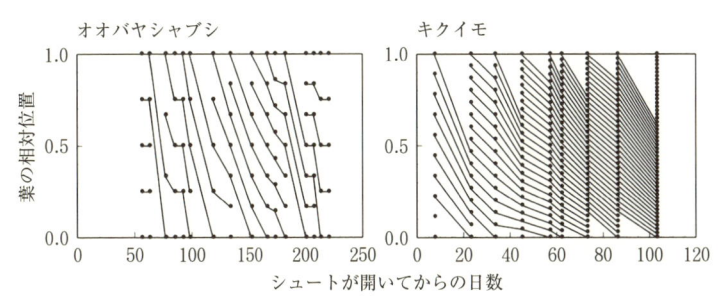

図 8.8　オオバヤシャブシ（左）とキクイモ（右）の葉の相対位置の変化

最初一番上（相対位置 1.0）にあった葉は時間の経過とともに樹冠内に「沈み込んで」いく．キクイモでは葉の数は平衡にならず，時間とともに増加している．

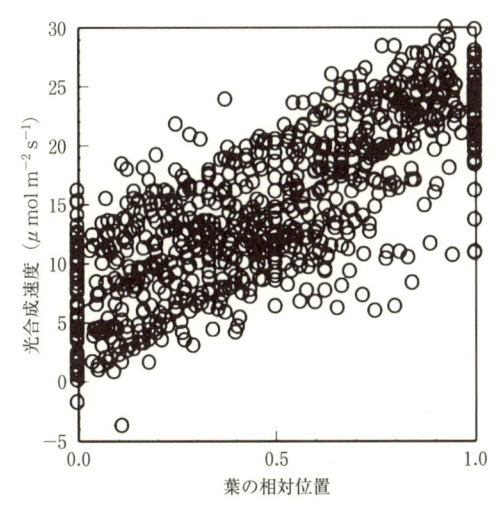

図 8.9　葉の相対位置と光合成速度の関係

光合成速度は葉の相対位置によって，ある程度決まっている．キクイモの例を示す．

て光合成速度も低下する．この予測はどうだろうか？　オオバヤシャブシでは，光合成速度のばらつきの 45% 以上は相対位置によって，キクイモでは 60% 近くが相対位置によって説明できることが

図 8.10　アカメガシワ

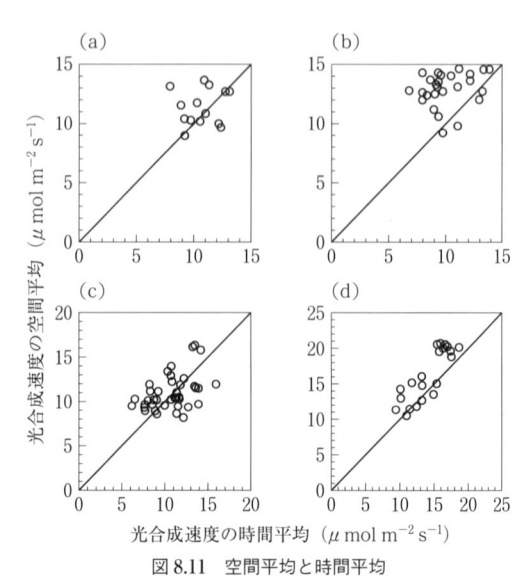

図 8.11　空間平均と時間平均

(a) オオバヤシャブシ, (b) オオイタドリ, (c) アカメガシワ, (d) キクイモ. キクイモでは両者は関係ありそうだが, 他の種では明確でない.

わかった．相対位置が高いと光合成速度も高いといえるようであった（図8.9）．しかし，アカメガシワ（図8.10）とオオイタドリでは，ばらつきの15〜20%程度を説明できるだけであった．そしてこの仮説の眼目である，特定の葉を出現してから脱落するまでの期間測定するのと，ある一時点で樹冠上部から下部まで測定するのとは同じといえるかどうかを見ると，何とかそのように結論できそうなのはキクイモ群落くらいで，他の群落では同じとはいえそうにもない（図8.11）．

8.10　理想状態

　これじゃ折角の仮説も駄目か．仮説も名前負けなのであろうか？梅木さんによればそうではないという．エルゴード仮説は物理学でいう理想気体のようなもので，我々は理想状態における植物のふるまいを予想しているのではないか？というわけである．実際の植物が理想状態にならなくても，それはかまわない．理想状態におけるふるまいを考えておくのは，それはそれで役に立つ．

　こういった観点であらためて実際の植物を見てみると，理想状態に比較的近いのは，ここでもまたオオバヤシャブシであった．葉の数は当初増え続けていくが，5月中旬くらいからは，1シュート当たり，平均5枚程度と一定になる．新しい葉はどんどん増え続けていくが，古い葉がそれと歩調を合わせて落ちていく．それでだいたい一定数に保たれているのだ．これはエルゴード仮説が考えている状況そのものといえた．ただし，いつまでも定常状態が保たれるわけではない．冬が近くなれば，さすがに新しい葉は出なくなってしまう．マーティンによると，温帯でこのような定常状態が近似的にでも保たれている植物があるとすれば，常緑樹ではないかという．毎年，新しい葉が開き，それに見合った古い葉が落ちるのではないか．

8.11 スケーリングと葉寿命

　スケーリングとは，生物個体の機能量 (Y) がその個体の体重 (W) に応じてどのように変化するかを表すことで，ふつうは次のようなアロメトリー式で表す.

$$Y = Y_0 W^\theta \tag{8.7}$$

この式は森林科学では古くからおなじみであり，アロメトリー式あるいは相対成長式といって，幹の直径や樹高から個体重を推定するのに用いられてきた. 私も国際植物学会議が日本で開かれた際に「植物のアロメトリー」という名のシンポジウムの「頼まれ主催者」になったことがあり，その準備のために関連する本を 2, 3 冊読んだことがある. 動物についても，本川達夫さんの『ゾウの時間ネズミの時間—サイズの生物学—』(中央公論社，1992) という有名な本が出ていて，ゾウとネズミは大きさも寿命もずいぶん違うけれども，それに応じて脈拍数なんかも異なり，結局一生に打つ脈拍数は同じじゃないか，というような興味深い議論を展開されていた.

　(8.7) 式の θ は定数であり，機能量が体重に応じてどう変わるかを表している. これが 1 なら，機能量は個体重に正比例することになるが，ふつうは 1 より小さい値をとる. Y を代謝量とすると，それは体表面積に比例するから，次元の関係から θ は 2/3 になるだろう. 従来のスケーリングに関する理論は，この 2/3 に依存している. たとえば，植物個体が成長するのにともなって混み合いが激しくなり，本数が減少する自己間引きの $-3/2$ 乗則は，θ が 2/3 であるから，自然に導かれるのである (Yoda *et al.*, 1963). ところが近年，自己間引きの傾きは $-3/2$ ではなくて，$-4/3$ が正しいという議論が出てきた. どちらが正しいというのではなく，両者を包

括がするような理論を作ればよいなどといっているのは私たちだけ (Kikuzawa, 1999; Kikuzawa & Lechowicz, 2016) のようで，どちらかに決めたいらしい．しかも報告の数の上では $-4/3$ が優勢だという．さらにこれには有力な理論的援軍が現れた．提唱者3名の頭文字を冠した WBE 理論では，(8.7) 式の θ が $3/4$ となる (West, Brown & Enquist, 1997) (もちろん仮定を含んでいるから，仮定次第で変化するのであるが)．θ が $3/4$ であれば，自己間引きの傾きは $-4/3$ になる．しかも Enquist & Bentley (2012) によると，$3/4$ という数字は，Y が呼吸量であっても，成長量であっても葉の量であっても変わらないのだという．実際のところはどうだろうか．森茂太さんたちが，小さい稚苗から大木まで，様々な木の呼吸量を精密に測定された例では，途中で折れ曲がった2つの直線で回帰されるという (Mori *et al.*, 2010)．大きな木の内部は死んだ細胞が多いからこのようになるのかもしれない．そのような例であっても，大まかには，共通の傾き ($3/4$) をもったグローバルな傾向があるということらしい．さて，θ がそのようにグローバルに一定だとすると，問題は Y_0 である．Y を光合成量とすると，それは個体のもつ葉の量，瞬間光合成量，その持続時間で決まる．葉の量は個体サイズと関連し，(8.7) 式で決まる．持続時間は葉寿命と関連する．定数 Y_0 (正規化定数，normalization constant) の中に葉寿命を組み込むことができないか？　これがマーティンの抱いた問題意識だった (Kikuzawa & Lechowicz, 2016)．

　この問題は比較的簡単に解くことができた．(8.5) 式から出発する．この式の B を1本の木当たりの葉量とすると，P は1本の木当たりの生産量になる．個体のもつ葉量 B は個体重 W とアロメトリー関係にある．

$$B = B_0 W^\theta \tag{8.8}$$

瞬間光合成速度は (3.2) 式で示されるように時間とともに直線で低下する.

$$A_{\max}(t) = A_{\max}(0)(1 - t/b) \tag{8.9}$$

平均値は最大（展開し終わった葉の値 $A_{\max}(0)$）と最小の値（落葉時の値 $A(L)$. ただし L は葉の寿命）を足して2で割ったものになる（8.6式）.

(8.6) 式と (8.9) 式とから，次の式が得られる.

$$\overline{A_{\max}} = A_{\max}(0)\left(1 - \frac{L}{2b}\right) \tag{8.10}$$

(8.5) 式に (8.10)，(8.3) および (8.8) 式を代入して整理すると次の (8.11) 式が得られる.

$$P = (1 + r)\frac{fC}{L}\left(\frac{2b}{L} - 1\right)B_0 W^\theta \tag{8.11}$$

この (8.11) 式が，個体の生産量に関するアロメトリー式であり，正規化定数のところに葉寿命が入っているから，マーティンの提起した問題に応えた形になっている. 個体の光合成生産量に影響するのは個体サイズ，好適期間の長さつまり気候条件，そして葉寿命および潜在葉寿命と実現葉寿命の比であることがわかる. このうち潜在葉寿命と実現葉寿命は図 4.9 に示したように，ほぼ比例した関係にあるから，両者の比は定数と見なせる. 好適期間の長さ（f）は地球上の位置によって決まるから，同じ場所にいる植物については定数と見なしてよいだろう. とすると，個体の生産量は葉の量と葉寿命とによって決まるといってよい. とくに興味深いのは光合成速度が計算の途中で消え失せてしまっていることである. 個体光合成は

葉の光合成能力と無関係なのである.

　(8.11) 式は個体の生産力の式であるので, 森林の生産力を求めるには, 一つの森林がどのようなサイズの個体から成り立っているかを知る必要がある (Hozumi *et al*., 1968). サイズ構造 $\varphi(w)dw$ を求めて, (8.11) 式を掛け合わせ積分すれば森林の生産力が得られる. 逆にそれが個体にどのように配分されるかを予測し, どのようなサイズの個体の生産ができるかを予測する. この本の冒頭に触れた私の「本務」は, 北海道の広葉樹二次林で林分の構造を把握し, そのような予測につなげることであった. 半世紀近くを経て, ようやく原点に戻ってきた感がある.

　その研究をどのように進め, どのような成果が得られたかは, このスマートセレクションのシリーズ企画で別の 1 冊を準備する必要がある. それまで私に「寿命」があるかどうか. それよりもこの「シリーズ企画」が続いているのか, 仮に書き上げたとしても「最先端」をキーワードとする企画にセレクトされるかどうか予測の限りではない.

ヤマグワ

引用文献

Abul-Fatih, H. A., Bazzaz, F. A. (1980) The biology of *Ambrosia trifida* L. IV. Demography of plants and leaves. *New Phytologist*, **84**: 107-111.

Ackerly, D. D. (1996) Canopy structure and dynamics: Integration of growth processes in tropical pioneer trees. In: *Tropical Forest Plant Ecophysiology* (eds. Mulkey, S. S., Chazdon, R. L., Smith, A. P.) 619-658, Springer.

Ackerly, D. (1999) Self-shading, carbon gain and leaf dynamics: A test of alternative optimality models. *Oecologia*, **119**: 300-310.

相場慎一郎 (2017) 西大平洋湿潤地域の植生帯と針葉樹優占の生物地理学. 日本生態学会誌, **67**: 313-321.

Bai, K., He, C., Wan, X., Jiang, D. (2015) Leaf economics of evergreen and deciduous tree species along an elevational gradient in a subtropical mountain. *AoB Plants*, **7**: 1-15.

Bawa, K. S. & Webb, C. J. (1984) Flower, fruit and seed abortion in tropical forest trees: implications for the evolution of paternal and maternaly reproductive patterns. *American Journal of Botany*, **71**: 736-751.

Bazzaz, F. A., Harper, J. L. (1977) Demographic analysis of the growth of *Linum usitassimum. New Phytologist*, **78**: 193-208.

Bloom, A. J., Chapin, F. S., Mooney, H. A. (1985) Resource limitation in plants-an economic analogy. *Annual Review of Ecology and Systematics*, **16**: 363-392.

Chabot, B. F., Hicks, D. J. (1982) The ecology of leaf life spans. *Annual Review of Ecology and Systematics*, **13**: 229-259.

Charlesworth, B., Charlesworth, D. (1978) A model for the evolution of dioecy and gynodioecy. *American Naturalist*, **112**: 975-997.

DePamphilis, C. W., Neufeld, H. S. (1989) Phenology and ecophysiology of *Aesculus sylvatica*, a vernal understory tree. *Canadian Journal of Botany*, **67**: 2161–2167.

Dieamer, M., Korner, C. Prock, S. (1992) Leaf life spans in wild perennial herbaceous plants: A survey and attempts at a functional interpretation. *Oecologia*, **89**: 10–16.

Enquist, B. J., Bentley, L. P. (2012) Land plants: New theoretical directions and empirical prospects. In: *Metabolic Ecology: Scaling Approach* (eds. Sibly, R. M., Brown, J. H., Kodric-Brown, A.) John Wiley & Sons.

Fujita, N., Noma, N., Shirakawa, H., Kikuzawa, K. (2012) Annual photosynthetic activities of temperate evergreen and deciduous broadleaf tree species with simultaneous and successive leaf emergence in response to altitudinal air temperature. *Ecological Research*, **27**: 1027–1039.

Gillison, A. N. (2018) Latitudinal variation in plant functional types. In: *Geographical Changes and Plant Functional Types* (eds. Greller, A. M., Fujiwara, K. Pedrotti, F.) 21–57, Springer.

Givnish, T. I. (2002) Adaptive significance of evergreen vs. deciduous leaves: solving the triple paradox. *Silva Fennica*, **36**: 703–743.

Harada, Y., Takada, T. (1988) Optimal timing of leaf expansion and shedding in a seasonally varying environment. *Plant Species Biology*, **3**: 89–97.

Hozumi, K., Shinozaki, K., Tadaki, Y. (1968) Studies on the frequency distribution of the weight of individual trees in a forest stand: I. A new approach toward the analysis of the distribution function and the −3/2th power distribution. *Japanese Journal of Ecology*, **18**: 10–20.

Imadate, G. (1974) *Fauna Japonica Protura*. Keigaku Shuppan.

Iwasa, Y., Cohen, D. (1989) Optimal growth schedule of a perennial plant. *American Naturalist*, **133**: 480–505.

Iwasa, Y., Sato, K., Kakita, M., Kubo, T. (1993). Modelling biodiversity:

Latitudinal gradient of forest species diversity. In: *Biodiversity and Ecosystem Function* (eds. Schulze, E. D., Mooney, H. A.) 433–451, Springer.

Kikuzawa, K. (1978) Emergence, defoliation and longevity of alder (*Alnus hirsuta* TURCZ.) leaves in a deciduous hardwood forest stand. *Japanese Journal of Ecology*, **28**: 299–306.

Kikuzawa, K. (1983) Leaf survival of woody plants in deciduous broad leaved forests. 1. Tall trees. *Canadian Journal of Botany* **61**: 2133–2139.

Kikuzawa, K. (1984) Leaf survival of woody plants in deciduous broad-leaved forests. 2. Small trees and shrubs. *Canadian Journal of Botany*, **62**: 2551–2556.

Kikuzawa, K. (1988) Leaf survivals of tree species in deciduous broad-leaved forests. *Plant Species Biology*, **3**: 67–76.

Kikuzawa, K. (1989) Ecology and evolution of phenological pattern, leaf longevity and leaf habit. *Evolutionary Trends in Plants*, **3**: 105–110.

Kikuzawa, K. (1991) A cost-benefit analysis of leaf habit and leaf longevity of trees and their geographical pattern. *American Naturalist*, **138**: 1250–1263.

Kikuzawa, K. (1995) Leaf phenology as an optimal strategy for carbon gain in plants. *Canadian Journal of Botany*, **73**: 158–163.

Kikuzawa, K. (1996) Geographical distribution of leaf life span and species diversity of trees simulated by a leaf-longevity model. *Vegetatio*, **122**: 61–67.

Kikuzawa, K. (1999) Theoretical relationships between mean plant size, size distribution and self thinning under one-sided competition. *Annals of Botany*, **83**: 11–18.

Kikuzawa, K. (2003) Phenological and morphological adaptations to the light environment in two woody and two herbaceous plant species. *Functional Ecology*, **17**: 29–38.

Kikuzawa, K., Kudo, G. (1995) Effects of favorable period length on the leaf lifespan of several alpine shrubs-Implication by the cost-benefit model. *Oikos*, **73**: 214-220.

Kikuzawa, K., Ackerly, D. (1999) Significance of leaf longevity in plants. *Plant Species Biology*, **14**: 39-46.

Kikuzawa, K., Koyama, H. (1999) Soaling of soil water absorption by seeds: An experiment using seed analogues. *Seed Science Reseach* **9**: 171-178.

Kikuzawa, K., Lechowicz, M. J. (2006) Towards a synthesis of relationships among leaf longevity, instantaneous photosynthetic rate, lifetime leaf carbon gain, and the gross primary production of forests. *American Naturalist*, **168**: 373-383.

Kikuzawa, K., Yagi, M., Ohto, Y., Umeki, K., Lechowicz, M. J. (2009) Canopy ergodicity: Can a single leaf represent an entire plant canopy? *Plant Ecology*, **202**: 309-323.

Kikuzawa, K., Lechowicz, M. J. (2011) *Ecology of Leaf longevity*. Springer.

Kikuzawa, K., Onoda, Y., Wright, I. J., Reich, P. B. (2013a) Mechanisms underlying global temperature-related patterns in leaf longevity. *Global Ecology and Biogeography*, **22**: 982-993.

Kikuzawa K., Seiwa K., Lechowicz M. J. (2013b) Leaf longevity as a normalization constant in allometric predictions of plant production. *PLoS ONE*, **8**: e81873.

Kikuzawa, K., Lechowicz, M. J. (2016) Axiomatic plant ecology: Reflections toward a unified theory for plant productivity. In: *Canopy Photosynthesis. From Basics to Applications* (eds. Hikosaka, K., Niinemets, U., Anten, N.P.R.) 399-423, Springer.

菊沢喜八郎 (1986)『北の国の雑木林―ツリー・ウォッチング入門―』蒼樹書房.

菊沢喜八郎 (2005)『ポケットにスケッチブック―生態学者の画文帳―』文一総合出版.

Kira T., Yabuki, K. (1978) Primary production rates in the Minamata

134

forest. In: *Biological production in a warm-temperate evergreen oak forest of Japan* (eds. Kira, T., Ono, Y., Hosokawa, T.) 131-138, JIBP Synth, Tokyo University Press.

Kitajima, K., Mulkey, S. S., Wright, S. J. (1997) Decline of photosynthetic capacity with leaf age in relation to leaf longevities for five tropical canopy tree species. *American Journal of Botany*, **84**: 702-708.

Kitajima, K., Mulkey, S. S., Samaniego, M., Wright, S. J. (2002) Decline of photosynthetic capacity with leaf age and position in two tropical pioneer tree species. *American Journal of Botany*, **89**: 1925-1932.

Koyama, K., Kikuzawa, K. (2010) Can we estimate forest gross primary production from leaf life span? A test of young *Fagus crenata* forest. *Journal of Ecology and Field Biology*, **33**: 253-260.

Kozlowski, T. T. (1971) *Growth and Development of Trees*. Academic Press.

Kozlowski, T. T., Clausen, J. J. (1966) Shoot growth characteristics of heterophyllous woody plants. *Canadian Journal of Botany*, **44**: 827-843.

Kudo, G. (1992) Effect of snow-free duration on leaf life-span of four alpine plant species. *Canadian Journal of Botany*, **70**: 1684-1688.

Larcher, W. (1975) *Physiological plant ecology*. Springer.

Maruyama, K., Yamada, A., Nakazawa, M. (1968) A tentative estimation of the gross photosynthetic production. *Proceedings of 79th annual meeting of the Japanese Forestry Society*, 286-288.

丸山幸平（1978）ブナ天然林—とくに低木層および林床—を構成する主要木本植物の伸長パターンと生物季節について．新潟大学農学部演習林報告，**11**：1-30.

Miyazawa, Y., Kikuzawa, K. (2004) Phenology and photosynthetic traits of short shoots and long shoots in *Betula grossa*. *Tree Physiology*, **24**: 631-637.

Miyazawa, Y., Kikuzawa, K. (2006) Photosynthesis and physiological traits of evergreen broadleafed saplings during winter under different light environments in a temperate forest. *Canadian Journal of Botany*, **84**: 60-69.

Monsi, M., Saeki, T. (1953) *Über den Lichtfaktor in den Pflanzengesellschaften und seine Bedeutung für die Stoffproduktion. Japanese Journal of Botany*, **14**: 22-52. (*Translated as*: Monsi, M., Saeki, T. (2005) On the factor light in plant communities and its importance for matter production. *Annals of Botany*, **95**: 549-567.)

Mori, S., Yamaji, K., Ishida, A., Prokushkin, S. G., Masyagina, O. V. *et al.* (2010) Mixed-power scaling of whole-plant respiration from seedlings to giant trees. *PNAS*, **107**: 1447-1451.

Ohsawa, M. (1990) An interpretation of latitudinal patterns of forest limits in south and east Asian mountains. *Journal of Ecology*, **78**:326-338.

Ohsawa, M., Naingolan, P. H. J., Tanaka, N., Anwer, C. (1985) Altitudinal zonation of forest vegetation on Mount Kerinci, Sumatra: With comparisons to zonation in the temperate region of east Asia. *Journal of tropical Ecology*, **1**:193-216.

Reich, P. B., Walters, M. B., Ellsworth, D. S. (1992) Leaf life-span in relation to leaf, plant, and stand characteristics among diverse ecosystems. *Ecological Monographs*, **62**: 365-392.

Reich, P. B. (2014) The world-wide 'fast-slow' plant economics spectrum: a traits manifesto. *Journal of Ecology*, **102**: 275-301.

Saigusa, N., Yamamoto, S., Murayama, S., Kondo, H., Nishimura, N. (2002) Gross primary production and net ecosystem exchange of a cool-temperate deciduous forest estimated by the eddy covariance method. *Agricultural and Forest Meteorology*, **112**: 203-215.

Saihanna, S., Tanaka, T., Okamura, Y., Kusumoto, B., Shiono, T., *et al.* (2018) A paradox of latitudinal leaf defense strategies in deciduous and evergreen broadleaved trees. *Ecological Research* (in press).

斎藤新一郎・菊沢喜八郎（1976）頂芽タイプと新条の伸長．北方林業，**28**：242-244.

斎藤新一郎・四手井綱英（1978）『落葉広葉樹図譜—冬の樹木学—』共立出

版.

Seiwa, K., Kikuzawa, K. (1991) Phenology of tree seedlings in relation to seed size. *Canadian Journal of Botany*, **69**: 532–538.

Shirakawa, H., Kikuzawa, K. (2009) Crown hollowing as a consequence of early shedding of leaves and shoots. *Ecological Research*, **24**: 839–845.

Suzuki, A. (2002) Influence of shoot architectural position on shoot growth and branching patterns in *Cleyera japonica*. *Tree Physiology*, **22**: 885–890.

Tadaki, Y. Hatiya, K., Tochiaki, K. (1969) Studies on the production structure of forest (XV). Primary productivity of *Fagus crenata* in plantation. *Journal of the Japanese Forestry Society*, **51**: 331–339.

Takahashi, K., Miyajima, Y. (2008) Relationships between leaf life span, leaf mass per are and leaf nitrogen caused different altitudinal changes in leaf delta C-13 between deciduous and evergreen. species. *Botany*, **86**: 1233–1241.

Takenaka, A. (1997) Structural variation in current-year shoots of broad-leaved evergreen saplings under forest canopies in warm temperate Japan. *Tree Physiology*, **17**: 105–210.

Terazawa, K., Kikuzawa, K. (1994) Effects of flooding on leaf dynamics and other seedling responses in flood-tolerant *Alnus japonica* and flood-intolerant *Betula platyphylla var. japonica*. *Tree Physiology*, **14**: 251–261.

寺澤和彦・小山浩正 (2008) 『ブナ林再生の応用生態学』文一総合出版.

Tsuchiya, T. (1991) Leaf life span of floating-leaved plants. *Vegetatio*, **97**: 149–160.

Umeki, K., Kikuzawa, K., Sterck, F. J. (2010) Influence of foliar phenology and shoot inclination on annual photosynthetic gain in individual beech saplings: a functional-structural modeling approach. *Forest Ecology and Management*, **259**: 2141–2150.

West, G. B., Brown, J. H., Enquist, B. J. (1997) A general model for the origin of allometric scaling laws in biology. *Science*, **276**: 122-126.

Westoby, M., Rice, B. (1982) Evolution of seed plants and inclusive fitness of plant tissues. *Evolution*, **36**: 713-724.

Williams, K., Field, C. B., Mooney, H. A. (1989) Relationship among leaf construction cost, leaf longevity, and light environment in rain-forest plants of the genus *Piper*. *American Naturalist*, **133**: 198-211.

Wright, I. J. , Reich, P. B., Westoby, M., Ackerly, D. D., Baruch, Z. *et al.* (2004) The worldwide leaf economics spectrum. *Nature*, **428**: 821-827.

Wright, I. J. , Reich, P. B.,Cornelissen, J. H., Falster, D. S.,Groom, P. K. *et al.* (2005) Modulation of leaf economic traits and trait relationships by climate. *Global Ecology and Biogeography*, **14**: 411-421.

Xu, X., Medvigy, D., Wright, S. J., Kitajima, K., Wu, J. *et al.* (2017) Variations of leaf longevity in tropical moist forests predicted by a trait-driven carbon optimality model. *Ecology Letters*, **20**: 1097-1106.

Yagi, T., Kikuzawa, K. (1999) Patterns in size-related variations in current-year shoot structure in eight deciduous tree species. *Journal of Plant Research*, **112**: 343-352.

Yoda, K., Kira, T., Ogawa, H., Hozumi, K. (1963) Self-thinning in over-crowded pure stands under cultivated and natural conditions. *Journal of Biology Osaka City University*, **14**: 107-129.

Zhang, M., Tagane, S., Toyama, H., Kajisa, T., Chhang, P., Yahara, T. (2016) Constant tree species richness along an elevational gradient of Mt. Bokor, a table-shaped mountain in southwestern Cambodia. *Ecological Research*, **31**: 495-504.

葉は，いつ開き，いつ落とすべきか―樹木の経済学―

コーディネーター　巌佐　庸

　北海道林業試験場の研究員だった菊沢喜八郎さんは，毎日のように林の中を歩き回って樹木の葉の展開を記録した．そして葉の展開の仕方にいくつかのタイプがあることに気がついた．葉の季節性についてまず目につくのは，1年中どの季節も葉をつけている常緑樹と，冬や乾期に葉を落として，夏や雨期のように光合成に都合がよい季節にだけ葉をつける落葉樹の違いであろう．落葉樹の間にも，春にほとんどの葉を展開し終えて夏の間はほぼ同じ量の葉を維持して秋に落とすという一斉展葉と，一部の葉を春に開くものの，その後夏にかけてどんどんと葉を追加していく順次展葉との違いがある．

　菊沢さんはそれらの観察結果を理解するために，葉の寿命についての経済学理論を作り，それをもとに様々な植物の挙動を説明する．

　樹木が限られた数の葉を保有しているとしよう．葉をつけてから時間が経つに従って，光合成をする能力はゆっくりと低下してくる．ゼロになるまで待ってから葉をつけかえるよりもまだ能力を残した段階で葉を落としてつけかえれば，若い葉は光合成能力が高いので，そのほうが効率的なのではないか．しかし新たな葉を作ることにはコストがかかるため，頻繁につけかえるとコストばかり支払うことになる．それらの中間に，長期での平均収入を最大にするつけかえ方があり，現実の樹木はそれに従っているのではないか．これが菊沢さんの議論の基本である．

　1つの単純な形の数理モデルをもとに幅広い現象を理解していくのは，物理学や経済学で成功してきたやり方である．菊沢さんは，葉の寿命の経済学的理論が，植物の生き方を理解する上でとても役立つことを示している．

　第5章においては，常緑と落葉の有利さが議論される．熱帯と寒帯に常緑が多く，それらの途中で落葉が多い．このパターンは一見説明が難しそうだが，それが菊沢モデルでごく自然に出てくるのだという．もっと面白いことに，季節が長くなることの葉の寿命への影響は常緑樹と落葉樹で逆転するが，それもモデルで説明できる．

　第7章では，落葉樹の間にある順次展葉と一斉展葉との違いが説明される．ハンノキやドロノキは，1年の最初にある程度の数の葉をつけるが，その後も次々と葉を追加していく．最初につける葉は前年のうちに光合成で蓄えた養分を使って作るが，それから夏過ぎにかけて追加していく葉は，その年の光合成で得た収入を使って作るのだろう．しかし夏も終わり頃になると，葉の量はそれ以上増やさなくなり，秋になるとすべての葉を落としてしまう．これが順次展葉である．それに対してブナなどは，1年の最初にほぼすべての葉を作ってしまい，それからほとんど追加することはない．そのまま秋までその葉量を維持して，秋にはすべて落とす．これが一斉展葉である．

　順次展葉と一斉展葉との区別を菊沢さんの本から学んだ頃，私は多年生植物の最適成長スケジュールの理論を計算していた．コスモスのように春にタネから発芽して葉を展開し，秋に次世代のタネを作ると枯れてしまうものを一年生草本という．これに対して，タンポポのような多年生草本や落葉性樹木などでは，1年目の終わりでも枯れず，地下部や幹などに貯蔵しておいた養分を使って翌年の初めに多量の葉をつける．そうして何年も生きて繰り返して繁殖す

る．このような多年生と一年生のいずれが適応的かを計算するに
は，2つの側面を計算する必要がある．1つは，各年内でのスケジ
ュールの最適化で，光合成による収入を使って葉をどんどんと展開
する時期と葉の展開をやめて貯蔵し始める時期が決まる．もう1つ
の側面は，その年に稼いだ分のうち，繁殖に用いる分と翌年の葉の
展開のために貯蔵に回す分への配分である．これら2つを組み合わ
せると，多年生と一年生のいずれが有利かという問いに答えること
ができる．

　さて最適成長をする多年生植物において，菊沢さんの順次展葉と
一斉展葉が有利になるのはどのような状況かを考えてみると，最適
成長解がいずれのタイプになるかは，前年において樹木が貯蔵分の
うちどれだけを翌年に回すかによって決まることがわかる．多量に
葉をつけると互いに陰になるため，植物が同時につけるべき葉の量
には限度がある．しかし前年の段階で翌年も確実に生きられるとす
るならば，翌年に残すべき貯蔵物質の量を目一杯多くして，季節の
初めから十分な葉の量をもつことが有利になる．その結果，翌年の
春に多量の葉をつけるがそれ以後は追加しない一斉展葉が現れる．
これに対して生息地に撹乱が多く，洪水によって流されたり，貯蔵
中に損失を受けたり，その樹木よりも背の高い他個体が現れて翌年
生育できなくなったり，といったリスクが高い状況では，翌年の葉
の展開に回す分を減らし，前年のうちに繁殖により多く使用してし
まうほうがよい．すると翌年の最初には貯蔵物質で葉をつけた後，
まだ余裕があり，光合成で稼ぎながら葉を追加することになり，順
次展葉が現れる．

　これが私の最適成長理論の結論だった．つまり，撹乱の確率や貯
蔵中の損失が大きいときには順次展葉，逆のときには一斉展葉に対
応した葉量の季節パターンになると予測できた．ハンノキやドロノ

キが，氾濫原や洪水の後の裸地など撹乱頻度が高い場所に生育することを考えると，この結論は納得ができた．

　私の理論は樹木全体がどのような季節パターンで葉量を保持すべきかを議論するものだが，菊沢さんの関心は個々の葉をどの時点でつけ，どの時点で落とすのかという別の側面を見ていたので，直接には対応していない．それでも菊沢さんの発見を知って，自分の理論と関連づけられたことに大変嬉しく思った．

　第7章と第8章では，シュートの伸ばし方や，機能的葉寿命，それを用いた森林生態系の生産力測定など，その後に展開された様々な話題が触れられている．

　北海道林業試験場の研究員をされていたころ，菊沢さんは『北の国の雑木林―ツリーウォッチング入門―』（蒼樹書房，1986）という本を出版され，私はその書評をする機会があった．以下にその一部を紹介したい．

　　……しかしこの本の本来の主題は，著者が十数年の間，進めてきた研究展開のドラマである．それはまずハンノキ属の樹木が夏の盛りに一部の葉を緑のままで落葉させることの発見から始まる．各樹種の成長の季節性《フェノロジー》が生息環境と関連していることが見い出され，比較の対象はカバノキ科，常緑林床植物と次第に広がる．そして著者は，この葉の寿命及び葉の展開の仕方が，栄養塩類や水分の得にくさ（ストレスと呼ぶ）と生息場所の安定性（次年度にも生育可能かどうか）に応じて進化した適応戦略だ，との結論に達するのである．

　　読み進むにつれ，このようにして生態学の研究は進んでいるものなのか，と感心する箇所にいくつも出会う．

　　訪問したり，手紙を書いたりして他の研究者の意見を聞く．論文や著書を読んで仕事や考えを理解する．自分の考えを整理

して学会で発表する．雑誌に投稿してレフェリーの審査を受ける．それらをもとに自らの結論を再検討する——といった研究の歩みが描かれ，ものごとが次第に見えてくる充実感や，新しい現象を発見したときの胸踊る喜びが，著者の淡々とした叙述を通して伝わってくる．それとともに学問というものは一人で自らの問題意識を磨きながら進めていくものだが，他の研究者との意見の交換・批判・共鳴がいかに重要であるかがよく分かる．

　加えてこの本には，進化生態学の様々な理論が手短にかつ平易に説明されていて——などの学説の記述は，進化生態学がどのような問いを発し，いかなるアプローチを行うかについて，著者が自身の研究テーマである樹木のフェノロジーを考えながら消化したものであるため，理論を並べただけの教科書にはない魅力と説得力が備わっている．

（アニマ，170: p.98; 1987）

本書に説明される葉の寿命に関する理論が作られたのは，『北の国の雑木林』よりずっと後のことだ．にもかかわらず，上記の私の書評は，ほぼそのままで本書にも当てはまる．

　当時，著者である菊沢さんに面識はなかったが，読んでとても感激した．今振り返ってみると，それは著者の研究者としての姿勢に対する共感であったろう．時流に乗った研究というのとは全く違う．自分の興味に従ってどんどんと進み，仕事をまとめていくと，いつの間にか世界のトップレベルに到達している．菊沢さんは，ずっとそういう研究のやり方をされてきた．

　1975 年から 1990 年にかけて，適応戦略的な考え方が生態学の様々な分野に導入された．それらを紹介する多くの本では，「外国で発見された『新しいアプローチ』が，いつまでも古いものの見方

をする守旧派を打ち破って正義を樹立する」，みたいな書き方がされていた．他方では，「これらは重要なアイデアであるので，一通り理解しておかないと」，といった調子で，いろいろな用語や概念を次々と羅列して紹介する教科書も多かった．

「真理はいつも外国からくる」，「これが最新のアプローチ」，といった輸入業者みたいな言説は，私は嫌いだった．そんな科学のやり方のどこが面白いのだろう．自分で問題を見つけ，自分で考えて回答を考えていくのが研究ではないのか．そう思っていた私は，菊沢さんの本に示された研究への姿勢に，強く共鳴したのだった．32年後に書かれた本書においても，この姿勢は変わっていない．

様々な人との出会い，交流といったものについて，本書でもよく触れられている．とくに海外の国際会議に呼ばれ，論文でしか知らなかった海外の研究者と出会い，友人になり，共同研究を進める．そして日本に来てもらったり，国際会議に呼んだり，といった交流が解説される．

自ら森で樹木を観察し考えたことから世界中の研究者につながること，これを菊沢さんは若い読者に伝えたいのだろう．研究がこのように進められるのなら，自分もぜひ研究の道に進み，他の人が考えなかったことを考え出してみたいと思う読者が現れると期待したい．

菊沢さんについて，もう1ついっておかねばならない．生態学だけでなく，どの研究分野でも，また日本だけでなく欧米でもいえるが，優れた研究者は結構な数いる．しかし，その中で後進を育てることができる研究上の優れた指導者は驚くほど少ない．その結果，現在活躍している研究者の多くは，前の世代のごく少数の指導者に薫陶を受けている．菊沢さんは，超一流の指導者であった．

北海道林業試験場の研究員だったとき，北海道大学をはじめ，周りにいる生態学に興味をもつ若者を集めて定期的にセミナーや勉強

会を開いておられた. 林業試験場は, 森林をうまく管理するための基礎研究を行うのが業務であって, 教育機関ではない. しかし北海道林業試験場で菊沢さんと過ごした当時の若者たちは, のちにあちこちの主要研究大学の教授となって, 日本の森林生態学を支えた.

その後, 菊沢さん自身も京都大学の生態学研究センターの教授に迎えられ, 農学研究科に移り, 定年退職後も石川県立大学で教鞭をとられた. 生態学会でもフェノロジー研究会をその主要メンバーとして長年にわたって熱心に開催された. その分野では多くの若い世代の植物生態学者が育った.

実は私も, 菊沢さんの教育熱心さの片鱗に触れたことがある. キナバル山というボルネオ島にある標高 4100 m の山の熱帯林に視察に訪れたときだ. それは本書でも紹介されている TEMA(Terrestrial Ecosystem of Monsoon Asia) というプロジェクトの一環であった.

1500 m あたりに国立公園本部があり, 研究者の宿泊施設もついていた. 私にとっては初めての熱帯林で, 何しろ樹木の葉は驚くほど大きく, いかにも緑色である.

夕食が終わった頃, 菊沢さんは「いつまでも酒を飲んでいても仕方がない」といってそこにいた大学院生数名を促し, 席を移して勉強会を始めた. 私と一緒にきた理論を専門にする九州大学の学生もいたが, あらかじめ分担してあったのか, 文献の紹介を始めた. 夕食後の時間に, 3 人ほどの大学院生に報告をしてもらって, それぞれについて議論をした. これは大学の研究室で行うセミナーであり勉強会と同じだ.

私は, 議論をした内容はすっかり忘れたが, 熱帯林にきて菊沢先生の指導を受けるとは思わなかった. 多分この調子で林業試験場でも大学でもやってこられたのだろう. 先生がこんなに教育熱心だっ

たら，菊沢さんのそばから優れた大学院生が育ち，優秀な生態学者が輩出されるのも不思議ではないと納得した．

　優れた理論モデルというのは，現実の詳細を取り込んで，すべてのことを定量的に説明し予測できるものだと読者は考えるかもしれない．実はそうではない．むしろ現実よりもはるかに単純化しているけれども，その挙動を見ることによって，複雑な現実の本質が読み取れると感じられるものが，優れた理論なのだ．

　考えてみると，菊沢モデルは随分簡単な仮定を置いている．葉が上下に配置されると，上の葉は十分に光を受けるとしても下の葉は陰になるので受ける光は少なくなる．その結果，同じだけの光合成酵素を準備しても同じだけの収量は得られない．実際の樹木は決まった数の葉をつけるわけではなく，多数の葉をつけるときには互いに重なる．さらに新たに陰になった葉からは窒素分を新しい葉に転流し，その結果新しい葉に高い光合成能力が与えられる．これらの要素は菊沢理論ではすっかり無視されている．その意味で，非現実的な仮定を置いたモデルといえる．ではこのような様々な要素を入れて，植物個体にとっての最適の葉のつけかたや落とし方を計算してみるとどうなるだろう．もしかしたら，最適の葉の寿命のいろいろなパラメータへの依存性は，菊沢モデルでほぼ説明できてしまうのかもしれない．もしそうだとすれば，それは菊沢理論がいかに優れたものであるかを示すものなのだ．これはぜひとも調べてみる必要があろう．

　これから本書を読む方々には，ぜひ本書で，菊沢さんの研究者としての姿勢と，自分が解きたいと思う問題に取り組むことで世界の研究者につながり，生態学の最先端の概念につながり，それによって新しいことが次々とわかってくる楽しさ，そして若い世代へ研究の面白さを伝えようとする意欲，これらを味わってほしい．

索　引

著 者

菊沢　喜八郎 (きくざわ きはちろう)

1971 年　京都大学大学院農学研究科博士課程修了

現　　在　京都大学名誉教授, 石川県立大学名誉教授, 農学博士, 理学博士

専　　門　森林科学

コーディネーター

巌佐　庸 (いわさ よう)

1980 年　京都大学大学院理学研究科博士課程修了

現　　在　関西学院大学理工学部 教授, 理学博士

専　　門　数理生物学

本書の挿絵は, 著者 菊沢喜八郎による.

共立スマートセレクション 28 *Kyoritsu Smart Selection* 28 **葉を見て枝を見て** —枝葉末節の生態学— *Dynamics of Tree Leaves* 2018 年 10 月 25 日　初版 1 刷発行	著　者　菊沢喜八郎　　ⓒ 2018 コーディネーター　巌佐　庸 発行者　南條光章 発行所　**共立出版株式会社** 郵便番号　112-0006 東京都文京区小日向 4-6-19 電話　03-3947-2511 （代表） 振替口座　00110-2-57035 www.kyoritsu-pub.co.jp 印　刷　大日本法令印刷 製　本　加藤製本

検印廃止

NDC 653.2, 471.71

ISBN 978-4-320-00928-8

　一般社団法人
自然科学書協会
会員

Printed in Japan

JCOPY ＜出版者著作権管理機構委託出版物＞

本書の無断複製は著作権法上での例外を除き禁じられています. 複製される場合は, そのつど事前に, 出版者著作権管理機構 （ T E L：03-3513-6969, F A X：03-3513-6979, e-mail：info@jcopy.or.jp） の許諾を得てください.